自然是大家都看惯了的奇迹

大自然嬉游记

洪琼君　著

南方出版传媒
广东经济出版社
—广州—

图书在版编目（C I P）数据

大自然嬉游记 / 洪琼君著. —广州：广东经济出版社，2017. 8（2021.12 重印）
ISBN 978-7-5454-5438-3

Ⅰ. ①大… Ⅱ. ①洪… Ⅲ. ①生态环境－环境教育－儿童读物 Ⅳ. ①X321.2-49

中国版本图书馆 CIP 数据核字（2017）第 112689 号

版权登记号：19 － 2016 － 189

天　　蓬
出 版 人：姚丹林
责任编辑：赵　娜　张晶晶
责任技编：陆俊帆
装帧排版：何汝清
内文插画：符宁馨

大自然嬉游记 DAZIRAN XIYOU JI
洪琼君 著

出版发行：广东经济出版社（广州市环市东路水荫路 11 号 11—12 楼）
经　　销：全国新华书店
印　　刷：佛山市剑桥印刷科技有限公司（佛山市禅城区轻工二路 9 号一座首层之三）
开　　本：889 毫米 ×1194 毫米　1/32
印　　张：6.25
字　　数：80 千字
版　　次：2017 年 8 月第 1 版
印　　次：2021 年 12 月第 2 次
印　　数：5001 ~ 13000 册
书　　号：ISBN 978-7-5454-5438-3
定　　价：45.00 元

如发现印装质量问题，影响阅读，请与本社联系
图书营销中心地址：广州市环市东路水荫路 11 号 12 楼
电话：（020）87393830　邮政编码：510075
广东经济出版社常年法律顾问：胡志海律师

| 推荐序 |

尊重生命

吴锦发

洪琼君是我在高雄语文中心共事的老师，由于我们对大自然的共同爱好，自然成为无话不谈的好友。

有一段时间，她负责荒野协会高雄地区的事务，我则专心投入柴山自然公园的创建，我们经常就有关生态保护的问题互相交换意见。

洪老师是个心思细腻的人，我尤其欣赏她“即知即行”的行动能力，在台湾关心生态的人很多，但是真正有行动力量的人却很少，洪老师是少数我所看过的既谦虚又肯脚踏实地工作的人。

我和她经常交换看法，我们共同的结论是：台湾目前环境破坏之所以会如此严重，最根本的原因在于，人们普遍对生命缺乏痛感，随意践踏生命、摧残生命，而无法觉知“生命上所遭逢的痛”！

20 世纪最伟大的植物学家贝林曾说过这么一句话：“教育的终极目标就是对生命保持敏感。”“敏感”的意思就是对周遭“众生”的喜、怒、哀、乐、痛苦或幸福都能准确地感同身受。我和洪老师都感觉到，

我们的教育，自小就缺乏生命教学，因之，我们的孩子长大后，他们可能很有“知识”，也可能在事业上很有“成就”，但是没有“慈悲”，这一切又有什么意义？大约在五年前，我读了自然教育家柯内尔的书，深受感动，我介绍给洪老师，她读后也受到了很大震撼。柯内尔对自然教育非常重视，鼓励孩童用身体去感知大自然，或者就用身体行动去模仿大自然，以增进孩子们对自然事物的感情和加强认同感。

后来，我和洪老师共同在高雄语文中心开创了自然写作的课，几年下来，我们累积了很多珍贵的教学经验。我一直鼓励她将这些记录下来，如前所述的，洪老师是一个即知即行的人，不久，她就交给我这本书稿，我在鼓励之余，将之推荐给晨星出版社出版。

这是一本智慧之书、慈悲之书，更是实施儿童自然教学最好的参考书，是为人师者或为人父母者不可不读的一本好书，是为序。

| 再版序 |

吾家有女初长成

洪琼君

前一段时间，祖国大陆的读者来信称欲订购一批《大自然嬉游记》，出版社才发现已经没有库存了。于是，十八年后，我生命中的第一本书《大自然嬉游记》，如吾家有女初长成般有了新面貌并与世人见面。

《大自然嬉游记》初版时，正好作为我大女儿采悠的周岁礼物，今年，她十八了，《大自然嬉游记》也将以全新的面貌出版，正好送给大女儿采悠作为成年礼，多美丽的巧合！十八年，台湾整体的自然的、环境的、教育的生态都有了巨大的改变；而我个人的生命也在这十八年中发生巨大的震荡。蓦然回首，总有人面桃花般的错愕与感伤。但，庆幸的是，我用文字记录下了那个已消逝的年代。

重温书写生涯的第一本书，有多重的感动：感动于那二十多岁的年轻生命的勇敢无畏，冲撞体制与恶质教育的自然环境的生态，用相机、用文字、用行动，创造历史；感动于那二十多岁的年轻生命在大太阳底下，只戴一顶圆帽，穿着短袖短裤，隔离霜、防晒油都没擦，就一整个早上、一整个下午趴在人行道上的行道树下，或安全岛上的一小片绿地上，或城市中一小亩野地上观察花草和小虫的那个痴；感动于那二十多岁的年轻生命谦卑地跪地闻花香、俯身领受大自然奇迹的那个细；更感动的是那二十多岁的年轻生命初生牛犊不怕虎，凭着一股勇气带着城市小孩在城市野地水里来山里去，到处闯，渴望与人分享、渴望栽下改变的种子、渴望从心出发向大自然学习，进而改变整个教育体制的那个热。

庆幸的是，二十年回首望，那个痴、那个细、那个热，都还在，还在这个未被躯壳与现实磨蚀尽的灵魂深处。

《大自然嬉游记》对我个人而言，是别具意义的，不只因为它是我笔下生出的第一本书，不只因为它还是我写的书里销售得最好的，更因为它的青涩与珍贵，在我的书写与教学生涯里，有着无可取代的地位。《大自然嬉游记》对台湾自然教育界而言，也是珍贵且重要的。对于台湾从体制外走进体制内的自然生态教学与书写，《大自然嬉游记》仍是先驱与独特的，这本书已有四篇文章收录于台湾地区的初中与小学的教科书中。只是，要跟新旧读者们说声抱歉，这几年几度迁移，些许照片、记忆， 或有遗失，包括这本书的所有插画，所以，再版时，出版社只能以套色的方式，将插画改成浅金色的怀旧氛围。幸好，摄影照片或寻回，或找到其他照片来取代，除少数散佚外，大多以全彩的面貌出版。

最后，写于再版前，感谢晨星出版社的用心；感谢吴锦发老师当年的催生，他现在在台湾南部继续践行他的文化使命；感谢王家祥先生当年让这些文章有机会见报，也给予我很多写作意见；还要感谢，在这些文字还写在稿纸上时，与我坐在一家快餐店的徐仁修老师，埋首展读我的这些文字，蓦然抬头对我说：“我要不是看准你未来会成为一棵大树，我才不会浪费时间和你坐在这里。”记得，南方大城市的阳光直辣辣地穿透玻璃窗，那日光暖暖地一直存在于生命里，给予我生长的能量。二十年后，我是否已长成一棵大树，在这块土地，老老实实奉献我的岁月？

| 初版序 |

生命中的绿色精灵

洪琼君

1996 年春天，我在思源垭口和一群陌生人进行我生命中的第一次自然观察体验，在那群陌生人中我只认识两个人，一个是和我一同参加活动的友人惠宜，另一个是带队解说的老师徐仁修先生。所以认真说来，徐仁修先生算是我入门自然观察的启蒙老师。

在那次自然体验中，我转变了原有的习惯，原来徜徉于自然景致里不仅只有“我见青山多妩媚，料青山见我应如是”的诗情，还有许许多多微妙的生命和我同在一个空间里认真而自在地存活着。

那是何其丰富的视野，只是我从不曾打开那扇视窗。

其实我原本就是个“爱山已成痴”的人，在与思源垭口相遇之前，我已持续了几年的流浪生活，起初是因为需要田野调查的工作，而在城市与乡镇、山林及海岛之间辗转迁移。后来，流浪成了我生命中的定律，我一个人不断地流浪在不同族群的部落间，寻找部落的脸谱和一个可以安身立命的处所。

直到那一年春天，自思源垭口回到这个前后居住了十八年却仍不太熟悉的城市，生命便有了一次转折。

我开始放慢流浪的脚步，背着相机寻找文明中的荒野。很快地我便领略到在城市中即使是一片荒草地、一个水池、一座小小的安全岛，甚至是一棵行道树都是自然生命精彩演出的舞台。

而一次又一次与城市野地直见性命的心灵交会，也让我觉得这个城市似乎不再那么面目可憎了。

那段时间，我除了整日游山玩水、写稿之外，还有一个主要的工作，就是在语文中心教小朋友写作文。当时，我为了给自己更多的时间和空间，正准备离开语文中心，自己开设私塾式的作文班，而我的自然观察经验给了我一个灵感，何不把这些美好的事物与我的学生一同分享呢？

于是，我的自然写作班就这样开张了。

也就是在那段时期我认识了作家吴锦发先生，他是环保运动及自然户外教学的前辈，他给了我很多自然写作教学的示范和意见，同时也与我分享了很多他的秘密花园，后来这些秘密花园都成为我户外教学的地点。

几年来，我和孩子们的足迹遍及城市的每一处荒野地。我们在夏日的午后循着蹄印，追逐羊群的踪迹；一同在艳阳下等待一只鱼狗的出现；也曾在雨中穿着雨衣看雨点在水面上跳舞，用双手抓蝌蚪和小雨蛙；我们还曾经在雨后的草地细数迸出泥土的生命；也曾一起蹲在夜色中就着手电筒的光束观看蜘蛛打败猎物、啃噬猎物的好戏……

这些深刻的生命经验，我和孩子们都会记得，就像经过一棵细叶榄仁时，孩子们会大声说："老师，我们上次不是在这棵树上发现绿绣眼的巢吗？"

令人心急的是我们的脚步不能停下来，因为城市野地正急遽消失，草原被铲平，羊群消失了；鸟况丰富的内惟埤为了停放几辆台汽客运的车子也被填平了（它是这座城市里唯一的一块湿地，我记录到20多种鸟类在湿地中生存，它是住在这个城市的人最毗近的赏鸟地点）；还有半屏山持续被挖空，荣总医院旁的爱河段是爱河唯一的一段自然河道，现在岌岌可危……我们必须加紧脚步走入城市荒野，因为我们是在和文明急遽发展（也等于是毁灭自然）的速度赛跑。

这本书的完成要感谢许多人，感谢作家徐仁修先生、王家祥先生及吴锦发先生给予我很多文学写作上的指导，尤其要感谢吴锦发先生的热心催生，让这本书得以出版。

另外，要感谢符宁馨小姐充满童真和想象力的插画，丰富了这本书的画面。事实上这本书是我的学生及我的导师——大自然共同参与完成的，我只是一个记录感动的人。

希望这本书是颗小小的奇幻种子，在读者心中变成绿色精灵，唤起更多的人带领自己的孩子，一同走入这片充满爱和感动的森林。

目　录

Nature Happy Travels

卷一　走入自然

“孩子的灵魂和身体，比大人都还要接近土地。在大自然里，我跟孩子不再是老师和学生的关系，我们一齐向大自然学习，从发现生命的惊奇中一同感动。”

CONTENTS

卷二 发现自然

“我始终觉得将双膝跪在泥土上是一个很重要的姿势，也因为如此谦卑而接近土地的姿势，你才能看到如花草这般渺小的生命，也能够发现更多繁丽的自然世界。”

CONTENTS

卷三 感官之旅

“对于自然的声音，我们可以很纯粹去辨听它来自何处、出自何物，更可以画下一张心的声音地图，融入想象和感情，自然的音乐便成了诗的篇章。”

卷四 沙卡的故事

“生命来来去去，校园中不断发现燕子、麻雀筑的各种鸟巢，野花草更是自开自落。一个七岁的男孩教会了我，自然生生灭灭，无须太过执着，执着便是苦。”

CONTENTS

卷五 观察一座城市

“树木联系着大地的生命，展阅大自然的宝库。从认识一棵树，学习和树做朋友开始。当孩子和树之间有了共通的情感，尊重生命也从此开始。”

卷一

走入自然

孩子的灵魂和身体，比大人都还要接近土地。在大自然里，我跟孩子不再是老师和学生的关系，我们一齐向大自然学习，从发现生命的惊奇中一同感动。

到野外上课去

冬日凛冽的冷风，不断将河中布满油污的臭腥味扑送入我灵敏的嗅觉里。这一条曾经耗费巨资整饬的港都市河，以迅雷不及掩耳的速度恢复了其原来污浊恶臭的面目。当我向学生们描述这条河曾经有过情侣偕行河畔、游人在河上行舟、河水清清如许的历史，学生们无不瞠目结舌，认为我所说的不过是一个神话，港都的神话。

不管河水如何秽浊，令人作呕，自然界的生物仍在你想象不到的角落生存。

种植黑板树的草地上，草皮泰半已干枯，磨盘草的果实有瓢虫拖曳其深色的卵攀缘游走，这和前几日在高屏溪口发现的以枯寂形式度过冬日的印度田青枝上各据一方的数十只瓢虫的产卵方式相同。选在万物沉寂、萧条的季节繁衍种族，是一种特立而令人欣赏的智慧。

草皮的另一端，四只雄红鸠，两只雌红鸠，摆着肥臂寻找草地中成熟的麦穗饱餐，不知它们是已十分习惯身畔呼啸而过的车马喧嚣和都市中的各种气味，抑或是太过饥饿而对于这块领域中出现的异类如我毫无警觉，并且无视我一步步地向它们靠近。

不过，我仍在一定的距离之外停住脚步，坐下来用心观察，我无权为了过分满足自己纯粹的好奇而干扰它们的活动。黑板树此时节累结出纤细的长豆荚，如垂挂青翠细致的长耳环，迎风轻轻款摆，荡漾流动的绿波，温柔地抚慰我易躁的心。

几乎秃裸的刺桐枝丫上，我看见红蚂蚁和介壳虫共生的景象，介壳虫吸食树液，并分泌营养物供红蚂蚁为食，而红蚂蚁也担负守卫介壳虫的工作，使其免受其他虫类的威胁。自然生态中自得平衡与和谐的方法，值得人类学习，然而在升学主义的教育形式下，这一环节似乎是被忽略的。就像在公园一隅，约七岁大的孩子正恣情撕扯，甚至连根拔起贴着泥土生长的野草，并且手持枯枝鞭打那丛野草，他不知道这无意的

“尊重生命是一个重要的学习课题，所以我带学生们走入草地，让身体与草地直接接触，躺下去，让整个身体浸满甜味的草香，倾听树的声音，从另一种角度仰视万物”

柴山户外教学，孩子们正认真地做笔记。

行为，会造成另一种生命的死亡。他的家人坐在远远的地方看着他，并未阻止他。于是，我走上前轻声告诉他，这是不对的行为，他吓了一跳，跑开了。

尊重生命是一个重要的学习课题，所以我带学生们走入草地，让身体与草地直接接触，躺下去，让整个身体浸满甜味的草香。倾听树的声音，从另一种角度仰视万物，黑板树的长豆荚似南国热情女郎大跳草裙舞；阳光自翻飞的乌桕红叶间洒下，如顽皮的小逗点……

观察自然中的生物，体悟万物皆有生命的道理，也改变了学生们的一些行为。有学生告诉我，现在他们已不再随意摘折花叶，因为怕会听见叶儿喊痛的声音。几年来，我不断带领都市的小孩重返自然、观察自然，潜移默化中，我和孩子都得到了不少启发。

这一年的冬天也过了一半，公园里处处生机，谁说冬天是冷酷无情、万物沉睡的呢？

台湾百合绽放于山巅水涯，是春天最浪漫的信息。

发现

泡沫蝉躲在一团白沫中，掩人耳目。

我喜欢独自一人安静地走进一片树林或一块荒野地，心思灵敏而专注地，以目光静猎。

我总是为了端详一朵花或一颗果实细致的构造及饱满的色彩而跪在泥土上，几乎贴近地面，然后意外地发现停在叶末像一枚小亮片的绿色小虫，或是落在针一般纤细而状如烛台的山葡萄花托上的一粒浑圆剔透的小水珠。

走近一个绿意盎然的小池塘，张开耳朵谛听最后一季凄烈的蝉音。面对一棵凤凰木，似浏览一幅好画，细细端详其肌理，发现一枚垂在粗壮的枝丫下，与树干同色，不及一粒小橄榄子的避债蛾茧，等待羽化。

草丛中、水塘里更是生机盎然，蝗虫、蜻蜓快速地移动，水黾是技巧高超的水上舞者，一只落水濒死的熊蝉，以仰泳的姿势优雅地浮在水面上，等待死亡。

独自走入自然，以目光及专注的心静猎，无处不是新奇的发现和感动。

带学生走入我的秘密花园，是另一种分享的喜悦。要一个孩子完全沉淀心情，保持沉默与自然相处是很难的，更何况是一群小孩。但我仍是喜欢和学生们一起玩“发现”的游戏，他们虽很难安定下来，却总能极敏锐地发现停在叶背的一只浮尘子，或在莲叶上交尾的蓝豆娘，甚至是藏得极隐秘的一只黑眶蟾蜍。

孩子的灵魂和身躯，比大人都还要接近土地。

在大自然里，我和孩子们不再是老师和学生的关系，我们一齐向大自然学习，从发现生命的惊奇中一同感动。

只要尊重，并且身体力行大自然的法则——

两眼望天而希望春天来临的人，从未看到如花草这么小的东西。

两眼下垂而对春天失望的人，不自知地把它踩在脚下。

而双膝跪在泥土上去寻找春天的人，则会找到更多。

——阿道·李奥波

我是那个愿意双膝跪在泥土地上寻找四季、发现生命的有福气的人。

安静

我喜欢一个人放轻脚步在山林中漫步，并且安静地观察野生动物的形迹及动作。每当我近距离地和野生动物相遇，甚至让它们无视我的存在时，内心总会涌起一份几近屏息的狂喜，这种经验也让我获得很大的乐趣。

有一次在半屏山看见一只攀木蜥蜴正咬着一只尖头蚱蜢，迅速地爬上棱果榕的树干，当它发现我时，立即停下脚步，似乎在等待我的下一个动作。

我弯着身子，轻轻挪动脚步，趋前为它拍了几张相片后，便停止动作，静静地观察它如何咬碎口中的尖头蚱蜢。它似乎被我震慑住了，始终停在原地不动，只是偶尔嚼动嘴巴，用牙齿迅速将蚱蜢咬只有一颗安静、灵敏的心才能发现出现在暮色中的攀木蜥蜴。

> “如果你学会北美的印第安人静猎的方法，安静地与大自然相处，让大自然在你身旁恢复和谐的运作，你将会从大自然中获得莫大的启示和乐趣”

碎。只见它咬咬停停，小心翼翼，不时瞪大眼，转动它三角形的尖头，那模样有趣极了。

我整整和它“对峙”十分钟之久，最后我向它举白旗并离开，而它仍旧保持右脚弯曲、左脚伸开的姿势，攀在枝干上。

还有一次在半屏山顶，一只野鸽自薄暮中朝我的正前方飞来，最后降落在距离我两米附近的鬼针草丛间啄食。我兴奋地蹲下来，用相机捕捉它脖子一伸一缩的走路姿态，我安静而谨慎地靠近，它完全无视我的存在，有时还伸长它蓝色的颈子正对着我……

鸟类是警觉性极高的动物，要近距离观察它们是很不容易的事。

每一个人和野生动物相遇时，都会产生一种奇妙的情愫，尤其是当它们愈靠近时，感觉愈强烈。只是，人类鲁莽的行为，往往惊扰了野生动物原来的动作。

如果你学会北美的印第安人静猎的方法，安静地与大自然相处，让大自然在你身旁恢复和谐的运作，你将会从大自然中获得莫大的启示和乐趣。

谦逊之心

正午时分，我带着一群小学生来到一个水鸟出没频繁的水塘，准备进行一次野外赏鸟课程。也许是时机不对，阳光太强，鸟儿都躲到树丛底下休息，不肯出来。

等候多时，我只好无奈地宣布："今天运气不好，鸟儿都躲起来了，你们要不要试着祈祷？"话一说完，其中一个孩子就认真地念念有词："鸟哇！鸟哇！我们真的很想看你，拜托你出来让我们看，好不好？"其他的孩子也纷纷仿效，低声祷告着，然而水面除了寂寂波光，半只鸟影也不见。

我们遗憾地决定打道回府，就在转身的一刹那，一只鱼狗从我的眼角余光掠过水面，停在对岸一棵橄李树上。我兴奋地低喊着："看到了吗？那是一只翠鸟，翡翠科，嘴巴很长，头顶到后颈是暗绿色，背部到尾端有耀眼的蓝色光泽。因为它很会抓鱼，所以又称'鱼狗'。"

十几个孩子陆陆续续用望远镜瞄准翠鸟，不停地赞叹翠鸟那一身华丽的彩衣。翠鸟似乎听到了孩子的赞美，倏忽振翅疾飞，如一颗蓝宝石划过粼粼水波，正面停在距离我们更近的枯枝上，有些眼尖的孩子不禁低声喊着："我看到它胸部下面是橘红色的。"

虽然我已经看过翠鸟多次，却从未见它在同一地点停留这么久。在我们离去以前，性喜隐蔽的黄小鹭、红冠水鸡都像和我们道别一般，出现在这片被人们遗忘的水塘中。

另一次，我带着同一群小学生探访凉山森林步道。回程的途中，孩子兴奋地指认上山时看见红嘴黑鹎的地点。草丛中突然同时蹿出两只攀木蜥蜴，其中一只嘴里叼着绿色的东西，细看才发现是一片叶子。另一只喉部白斑鼓得涨涨的，两相对峙，气氛显得剑拔弩张。孩子都噤声不语，并且在我的手势指示下，默契地蹲下来，静观这场攀木蜥蜴之战。

两只攀木蜥蜴亦步亦趋，威吓大于实斗，不知道是因为前者侵犯了后者的领地，还是为了食物而争。

两只攀木蜥蜴对峙了很久，未见有进一步的动作，其中一个孩子忍不住轻声地说："看来攀木蜥蜴打架，只是吓吓对方而已。"

我赶紧抓住机会教育："你们看，攀木蜥蜴比人类理智多了，不会动不动就杀个你死我活。人类有许多行为，实在需要多向自然界的生物学习才对。"

后来，两只攀木蜥蜴先后遁（应该说是"追逐"）入草丛中，为我们那趟凉山行画下难忘的句点。

先知布恩曾经说过："具有孩童般谦逊之心的人，才能重新找到尊敬与亲近万物的锁钥。"在我的经验里，面对万物如果能够诚心赞美，大自然总会有好的回应。

有一次，我带着黄云、明哲两个小男孩，要到桥头乡间寻找萤火虫。那天黄昏，天空飘着绵绵雨丝，十一岁的黄云不抱希望地说："我们一定找不到萤火虫的。"

于是我把以前美好的经验告诉他，并且对他说："只要心诚，萤火虫感受到了，也许就会飞出来让我们看噢！"

黄云听了，很不以为然地回答："算了吧！怎么可能？"

八岁的明哲看见黄云的反应，很沮丧地对黄云说："你对萤火虫这么不尊重，它不会出来给我们看了！"

那晚，我们并没有找到萤火虫的踪迹。

这两个不同年龄的孩子的思考方式，不正反映了现今教育的趋势吗？在孩子的成长过程中，我们的教育似乎总是偏重于知识技能的灌输与强化，而忽略了万物一体、倾听自然与自己心灵声音的感性启发。童真的想象力消亡了，住在美丽的福尔摩莎之岛（葡萄牙人对中国宝岛——台湾的美称）却视而不见，多么可惜呀！

不知有谁愿意一同来重拾亲近自然的这把锁钥。

观察之必要

在诺贝尔物理学奖获得者费曼博士小的时候，曾经发生过这样一个故事：

纽约人很喜欢到卡兹奇山区度假，费曼小时候，他们全家人也常去，他的父亲只有周末在那儿，周一到周五要回纽约市工作。在周末的时候，费曼的父亲会带他到树林里散步，讲解树林里的生态妙趣给他听。有些小孩的母亲看到了，认为这值得仿效，就鼓励自己的丈夫带孩子去散步，可是他们不大乐意，转而央求费曼的父亲带他们的孩子同行。费曼的父亲不答应，理由是他只跟费曼有特殊关系。结果其他孩子的父亲只好在周末带着自己的孩子去散步了。

到了星期一，那些父亲回到城市上班，小孩聚在一块儿玩耍，其中有一个小孩子问费曼："看到那只鸟没有？那是什么鸟？"费曼答："我不知道那是什么鸟。"

那个孩子说："那是棕颈画眉。看来你爸爸什么也没教你！"

事实正相反，费曼的父亲教过他："看到那只鸟没有？那是一只会唱歌的鸟。在意大利文、葡萄牙文、中文、日文里，它有不同的名字，就算你弄清楚它在全世界的称呼，你对它仍然一无所知。我们不如来看这只鸟在做什么，这比较重要。"所以费曼很小就知道，记诵事物的名称并不是真正获得了知识。

然而，在我们求知的过程中，很少有主动观察的习惯。

我带学生去捡化石，孩子显得兴致高昂，每捡一块石头就迫不及待跑来问我："它是石头还是化石？"起初几次，我会和孩子一起观察、分析，从石头上的孔洞、纹路、色泽，或者一些特殊形状的痕迹来判断，它是哪种珊瑚化石、生痕化石（生物走过或居住过留下的痕迹）或是螺、贝类的化石……说明几次以后，我就要求孩子先自己判断，不要急着从

我身上问出答案。他们当然很不习惯，因为平日没有这种训练方式。

回教室以后，我要他们为自己捡来的化石取名，于是“无尾鱼”“无底洞”“长枪”“海浪”“金色神龙”“山猪头”……这些有趣而耐人寻味的名字纷纷出炉。因为是自己用心观察、苦思冥想出来的名字，他和化石之间就有了另一层亲近的关系。

冬季，我时常带学生到西部沿海，去寻找冬候鸟的踪迹。当我架起高倍望远镜，瞄准水鸟以后，就让孩子排队，通过望远镜观察水鸟。由于不熟悉望远镜的操作，孩子总要花很长的时间才让眼睛对准焦距，然后用不到三秒钟的时间看一只鸟。

“我看到环颈鸻了。”孩子斩钉截铁地说。

“它是什么颜色的呢？”我问。

“灰色的。”孩子显得有些印象模糊。

“它的脚是什么颜色？颈子上有何特征？看得到嘴巴吗？它在做什么？”面对我一连串的问题，孩子大都无言以对。

于是我请他回到望远镜前，再仔细地去观察。

大多数的父母和教育者，往往只是要孩子记住许多名词，却忽略了观察和理解的重要性。如果只是记住事物名称，这样的认知实在是毫无意义的，在我的教学过程中，我经常这样提醒自己。

岩石无言，却默默诉说无尽的故事。

随自然而行

几年前，我开始尝试打破在水泥墙中凭空想象的写作教学方式，而将教学场地自室内转至户外，带孩子们坐在草坪上仰望蓝天，看风把云雕塑成什么模样；去看一棵树，寻找依树而生的各种微小而令人惊奇的生命，尝一尝大自然丰盛的野味，实际观察人类与自然息息相关的生态。我想让孩子从直接体验中激发对生命的敏感度和丰沛的创造力。

不过因缺乏经验，起初一个人带领十多个孩子做户外教学时，我总是担心知识给得太少，也担心在安全方面对孩子照顾不周，只要有孩子不慎受伤，就会令我十分紧张而懊恼，加上孩子们对户外教学感到新奇和陌生，往往如同脱缰野马满场跑，却一无所获。

随自然而行，让孩子直接接触大自然的跃动，在一趟自然之旅中收获必然精彩。

交配中的星点大金花虫，可无暇顾及其他呢！

要引领一群生活与自然脱节的都市孩子进入大自然的殿堂，这期间是要经历许多挫折的。

渐渐地，我从中摸索窍门，调整教学方式，让自己从发现者和解说者的身份释出，而多和孩子们分享。

我开始把脚步放慢，让孩子自己去发现。

有一次，我们在柴山上一块落雨后积水的洼地前逗留了一小时之久。从一个孩子用望远镜发现白头翁飞入水中翻身洗澡开始，其他人也陆续发现好几种蛙类及水蛇，还看到白头翁曼妙的求偶舞。因为那是一个废弃的拦沙坝，任杂草丛生，我们可以居高临下地观察；也因为积水形成丰富的生态，让我们流连忘返而必须放弃原来预定的行程，不过收获却是超乎预期的丰富。

有时候当我忙着讲解一种昆虫或一棵植物的生态时，小孩子会突然被其他有趣的事物吸引而分心，我通常不会执着我要说的事，反而加入孩子发现的事物中，和他一起分享。

有一回，我正唾沫横飞地解释黑板树下新冒出来的白色馒头一般的蕈在生态上扮演的重要角色时，其中两个孩子反而是将头仰得高高的，极其安静而入神的姿态。我问他们看见了什么，其中一个孩子缓缓地指着树上说：“那两只麻雀好像在交配。”

我们顺着他手指的方向看去，只见其中一只麻雀十分灵巧地靠上另一只麻雀的背，瞬间两只麻雀纷纷飞起，一只在后面追的我们猜它应是公鸟，而我也忘了之前唾沫横飞地说了些什么话。

曾有家长向我反映，希望户外教学能有时间规划，几点到几点做什么活动清清楚楚，但我并未采纳。大自然瞬息万变，经常不按牌理出牌，而我也从中学到了随自然而行的道理。短短两三个小时的野外观察，若是汲汲赶路或刻板地按照事先规划的行程教学而不知变通，那么“入宝山而空手回”的遗憾，便不知有多少了！

和大自然自由玩耍

这一两年带学生做野外教学的经历令我发现，小男生的亲水性相当强，只要他们看见一弯浅浅的溪流，甚至是一条充满泥浆的小河，都会让他们跃跃欲试，容易产生下水玩耍的冲动。而这份冲动往往会被家长理智地抑制住，担心孩子把身体弄脏、把衣服弄湿，甚至感冒……

其实，我觉得在很多时候大人总是担心太多了。我常想，玩水到底有什么不好？

有一回我和沙卡小学的学生在六龟山区迷路，怎么也找不到曾老师的朋友家，于是我们决定停在一条溪流旁野炊，四个小女生自愿做饭，而其他小男生早已脱得只剩一条内裤，跳进那条浅浅的、浊浊的溪水中大玩特玩，有的舞动手臂溅起水花，有的互打水仗，有的忙着在石缝中寻找螃蟹、抓蜻蜓，那副完全投入玩耍的神情，真叫人羡慕。

后来，有一个学生发现溪流旁边的红色山壁是一种具有黏性的黏土，于是抓了几块岩石混水做成颜料，将身体涂满红土，变成极佳的伪装色，其他的孩子看了也马上仿效。有人把红土涂在屁股上说他拉稀了，有的孩子互相在对方的肚皮、胸部画鬼脸，充分展现了在游戏中激发出来的创意，而这样自然的创意是在大人的赞美及未加干预的情况下产生的。

中饭做好时，我们把孩子叫上岸来，每个人换上预先准备好的另一套衣服，没有人因为跳进秋天的溪流中玩耍而感冒。

又有一回，我们去兴达港抓弹涂鱼及招潮蟹，一到目的地孩子们就迫不及待地将鞋子扔在一旁，双脚踏入又黑又黏稠的泥地中，除了三个

纵情奔向一片湛蓝、纯净的汪洋，自由玩耍，是现代许多孩子一个简单却遥远的梦想。

海洋是达悟族的孩子最大的游乐场。（兰屿东清湾）

小女生以外。其中一个女生说："真搞不懂，男生为什么喜欢踩进又黑又脏的烂泥巴里，感觉好恶心！"于是，三个女生百无聊赖地坐在岸边，又因让阳光晒得头昏眼花，而后又躲到车里，而踩入烂泥中的孩子却不断从滑溜的弹涂鱼、夹住人的手指却断螯逃逸的招潮蟹身上获得惊喜。有的孩子观察到弹涂鱼有翻肚的习惯（皮肤需要水分之故）；有的孩子发现招潮蟹的家的形状不止一种，有烟囱形的，也有半塔形（弧塔）的；还有的孩子发现与身体分了家的断螯，夹在手上仍然继续使力……在大自然中，做老师的只要稍做引导，让孩子从实际观察中获得知识，那印象会是鲜活而难忘的。

有的孩子在寻宝过程中，因赤脚踩到玻璃碎片而受伤，上岸后我采了些鬼针草叶帮孩子敷在伤口上，孩子们只是皱一下眉，喊了一声痛，马上又投入另一场玩耍，没有哭声。

另一次我带都市作文班的学生到兴达港，不巧遇到涨潮，招潮蟹都躲起来了，只见弹涂鱼跃过水面的身影。虽然有些扫兴，男孩子还是兴致勃勃地脱掉鞋子踩入烂泥中，追逐弹涂鱼。而女孩们以讨厌把脚弄脏及恶心为由，坐在岸边观察。赤脚在烂泥中行走是什么感觉，对她们来说，可能永远只是"想当然耳"的恶心，除非她们有机会让自己放下成见去走一趟。

回来之后，一个五年级的女生在作文中写着："男生都不是在抓弹涂鱼，而是在玩水，可恶极了！"我问她玩水为什么可恶，她也说不出个所以然来。总之，那是大人灌输给她的观念。

每一次看到孩子们在溪流中玩得兴高采烈的神情，就会让我想起我所熟悉的少数民族小孩，他们总是喜欢成群结队跳进离家不远的溪流中

我们在六龟山区迷了路，发现一条小溪，便索性跳下水玩个痛快。

戏水，自然而然从玩耍中学会纯熟的游泳技术。我一个少数民族朋友曾经告诉我，他小时候很少在家洗澡的，因为澄澈的溪水早把一身的污垢洗净了，他也未曾因此而感冒，反而练就一身强健的体魄。

而都市的小孩，距离一条可以嬉戏的溪流太过遥远。

刚带野外课时，对于老是喜欢跑在前头或脱离队伍的孩子，我总是特别担心他们会受伤，于是在一条宁静的山径或无人的旷野中总会充满我警告孩子“小心”的声音。那经历真叫人沮丧，我常会因为自己无法让孩子安静而专注地进入自然而自责。

后来，我慢慢学会减少担心和约束，让孩子自由地用他们自己的方式和大自然玩耍；而孩子们也会渐渐懂得与别人分享在大自然中所获得的喜悦，甚至在跌倒时能勇敢地面对跌倒的痛，因为那是他放任自己不小心的代价。

记得多年前有一首歌，其中一段歌词是这样的：“如果你是如此跃跃欲试，去吧！我的爱。”到现在，我仍然想不通玩水有什么不好。放下过多的忧虑，让跃跃欲试的孩子自由地在大自然中玩耍，其间所激发出来的创意和热情，往往是令人难以预料的。

种子教育

暑假期间我办了许多梯次的野外自然观察班，和孩子们一起实地体验大自然的生命。整个暑假我和学生都有很多的收获，不过也有一些挫折。

有一回我带三个男孩上柴山，虽然他们年龄上有一段差距，分别是小学二年级、五年级及初中一年级，但是他们吵起嘴来却是谁也不让谁；而且男孩子好动，没有耐心的本性在他们身上展露无遗。于是上山的过程便充斥着他们的争吵声及我像个老太婆不断禁止他们斗嘴或在崎岖不平的珊瑚礁岩上乱跑的声音。

后来我把他们带到拦沙坝的一处平台上休息，并进行一种“声音地图”的活动，拦沙坝的两旁绿

猕猴妈妈用自己的奶水和大自然的爱哺育小猕猴。人类是否可以从其他生物的行为获得一些启示呢？

树浓荫，有许多小鸟穿梭觅食，只要安静倾听就会听到风吹动树梢、枯叶落地及鸟类鼓翅、呼唤等各种声音。

而三个男孩一分钟也停不下来，不断有芝麻绿豆的小事要问，同时也持续发生摩擦。

十分钟的声音地图画完了，我的地图充满了自然的乐音，而三个男孩的地图却只有人的说话声、走动声及吃东西等他们自己制造出来的声音。

我十分沮丧地要求他们收拾包包下山，一路上不断地思考究竟用什么方法才能使他们浮躁的心安静下来，毕竟说故事、玩游戏、硬骂软说我都试过了。

下山途中经过一棵破布木，五年级的男孩拉住我，提醒我说："老师，你不是要让我们看白蚁修房子的成果吗？"

上山时，我们把这棵破布木树干上的白蚁泥柱破坏了一角，观察白蚁如何通风报信及顶着湿土快速地粘补破洞的情形。现在洞已经被补好了，而且能明显地对比出那段土的颜色较深，土也比较湿，孩子们觉得白蚁迅速补墙的功夫很是神奇。

这时两只怀里各抱着一只小猴的母猴，匆匆地与我们擦身而过，并且露出不友善的目光。而其他的登山客却对我们所观察的一切视若无睹（这是正常的），快步下山。

五年级的男孩突然有感而发地说："为什么别人都只是匆匆地走过去，都不会像我们这样发现许多好玩的事情？"

他的话点醒正在苦思冥想的我：原来教育真的是播种的工作，但不能操之过急，今日撒种明日就要采收！成长是需要时间的。

二年级的男孩突然停在前面等我，他拉着我的手说："我在等你，跟老师走在一起，才能发现很多小虫子。”

孕育成熟的种子，包含在蒴果中，等待所有的可能，将台湾百合的希望散播至各个角落。

树上有一只奇怪的虫

有一次我在公园拍椿象。一个三四岁的小女生有点害羞又有些好奇地向我走过来，我便指着树干上正在交配的椿象对她说："这是一种会放臭屁的虫噢！你看！他们正在结婚呢！"小女孩听完我的话，转身跑回妈妈的身边，兴奋地说："妈妈，树上有奇怪的虫！"然而，女孩的妈妈显然对"树上有奇怪的虫"不感兴趣，只是叮嘱小女孩不要乱跑。

过一会儿，小女孩的妈妈表情漠然地起身带小女孩离开，而小女孩直到离去时，目光仍停留在我身上，眼神里混杂着好奇与疑惑。

另一次，我在公园欣赏友人栽培马利筋的成

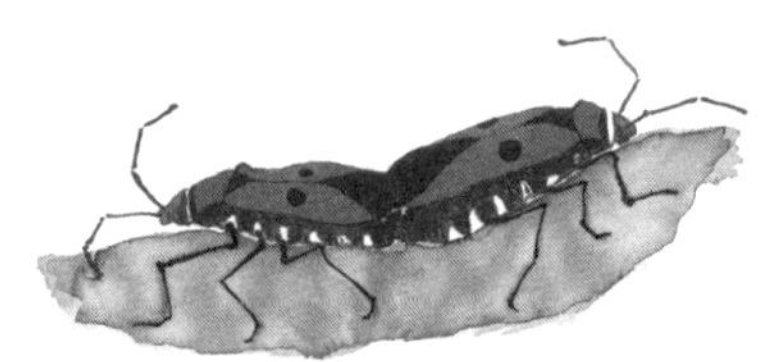

果，友人花了两年时间培育，现在桦斑蝶的卵、幼虫、蛹及成虫在公园的这个角落随时可见。

一个男孩经过，发现马利筋叶上的毛毛虫，兴奋地大叫：“妈！有毛毛虫耶！”男孩的母亲连看都不看便拉着男孩的手说：“好恶心，赶快走。”男孩恳求地说：“让我抓好不好？我好想抓一只噢！”男孩的母亲语气坚定地说：“不行！太恶心了。”

看着小男孩失望地离去，我想起上一次在公园遇见的小女孩。因为大人对于自然界的生物表现冷漠的态度，甚至有负面而错误的认知，因而让孩子丧失与大自然进一步接触的机会，同时也扼杀了孩子探索自然的兴趣与好奇心，实在可惜。

如果父母能够尝试着用孩子的眼光及童稚般的热情，和孩子一同走入自然，重新认识生活周遭的自然生命，在这个过程中，你会和孩子建立新的亲密关系，而且也会发现，即使只是观察公园里一只椿象的生态，也可以让你们全家玩得兴致勃勃呢！

大自然的魔杖

有一年暑假，我的自然观察班里来了一个不曾坐过火车，也因为害怕蚯蚓而不敢坐草地的富家男孩（那时他已读五年级了）。那年暑假我带他们坐火车，告诉他们沿途各个城镇的历史和故事；带他们走爱河，转述爱河曾有的辉煌与浪漫；还带他们从一棵行道树发现许多奇妙的生命……男孩玩得不亦乐乎，他从来不曾这样亲近自然。

有一回，当我们观察白蚁头顶着湿土补窝之后（那是孩子们不曾注意过的），男孩看见爬山的人行色匆匆地赶路，突然有感而发地说："为什么那些爬山的人都不会像我们这样慢慢看，发现很多很好玩的事？"

虽然男孩还是不敢坐草皮，也依旧因为顽皮而与其他孩子起争执，但是大自然的奥妙已开启了男孩丰富的生命视野。

还有一个一年级的小男生，小小的个儿，圆圆的脸戴着一副圆框眼镜。他第一次上我的课时便告诉我，他觉得上课很有趣，但是他讨厌写作；因为他不愿意思考，所以我经常必须一句一句地引导他写作。

对于户外课，他的兴趣也不高，脸上总是没什么表情，在分组活动时，其他孩子大都不愿意和他同组。有一次我们在一座生态颇为贫瘠的小公园里，发现一只狩猎蜂把比它重两倍以上的螽斯拖进它事先挖好的洞里；不到十秒钟，又以倒退的方式出洞，两只前脚像扫把一样将土扫进洞里把洞填平，最后只留下一个V字形的缺口。

狩猎蜂把猎物螫昏来作为它初生宝宝的食物，如此高超的技术，动作这般迅捷，让我们十几个人看得目瞪口呆，而小男孩的观察笔记里只简短地写了一句话。我问他看到这么奇妙的事有何感觉，他回答说：“没感觉。”

渐渐地，他与我熟悉后，便开始会将学校里发生的事告诉我，也比较愿意思考了。在野外我们发现什么奇妙的生物时，他也会在后头挤着说：“我也要看！”

还有看到毛毛虫就会哭的小女孩，也敢让蓟马在手上游走了；还有学生不再轻折花叶，怕它们会喊痛……

这些孩子的转变并非我手中有支魔杖，而是因为大自然的爱和奥妙。马叔礼先生说过：“自然是大家都看惯了的奇迹。”这句话很值得仔细玩味。

枫香，对不起！

振达和他的姐姐第一次来上我的自然写作班时，他才读二年级，小小个儿，像猴儿般灵活好动，坐在椅子上的时间不会超过五分钟，一会儿起来走一走，一会儿跳一跳，有时还会溜到黑板前拿粉笔乱涂鸦。我就会顺着他的行动，让其他孩子都在黑板上作画，然后一起编故事或画四格漫画，他也玩得挺高兴的。可是到了要写作时，他便显得表情痛苦、提笔困难，通常要我一句一句地教才能完成一篇作品，而他总是写个三五行便交差了事。写字对他来说实在是件折磨的事。

到了野外，振达对自然界很多的事物都感到好奇，可是却像脱缰野马一般，很难管束。

两个月后因为振达的姐姐出车祸，他们停止了在我的写作班的学习。约莫过了七八个月后，振达的母亲又把他们姐弟俩送到我的写作班上课，然而振达的学习状况并不比七八个月前好多少。才上了两堂课，振达的母亲便告诉我，振达因为不想上作文课而大哭大闹，于是我和振达的母亲达成共识，先让振达觉得上课是一件快乐的事，其他的以后再说。

接下来的课程我让振达用录音、绘画、戏剧表演及游戏等方式完成作品，而且鼓励他尽量表达自己的想法与创意（我对待其他孩子也是如此）。渐渐地，他的许多奇妙的想法不断涌现，而且也能安坐于位子上认真写完一篇段落分明、文句流畅的作品。有一次我在他写到半屏山捡化石的游记中便看到这样的句子：“上半屏山便好像走入时光隧道，因为就好像和老朋友见面一样。”

在户外课方面，我经常安排让孩子们分组合作的活动，增加孩子们互动的机会。振达在这样的互动中，不仅交到志同道合的好朋友，也渐渐领会了分享的快乐。现在他不但是抓虫高手，而且还会把自己的猎获品与别人分享，并且不让手中的虫子受伤。

有一回我带他们到公园认养树木，并给各自选择的树木做记录，振达在末了写了这几个字：“枫香，刚才为了摘你的果实做记录而弄伤了你，对不起！”

从对大自然的懵懂好奇到尊重自然生命，振达的改变和其他相似的例子，都如同对我的环境教育工作注入一方活水。

以自然为师

先认识它的名字，了解它的特性，发现它的奥妙和有趣，然后和它交朋友，爱护它、尊重它，进而寻找它的特质和优点，欣赏它，向它学习。从学习中逐渐明了自然万物皆有生命、皆有灵性，万物皆可以为师的道理，渐渐地便能够听得懂自然万物所传递的讯息。在从事自然教育工作时，我都是依循这样的轨迹来引导的。

寻找万物自身具备的优点，就如同从周遭的亲人、朋友身上找出令人赞赏的特质一样。

找一棵枯树，如果有白蚁用泥土筑成的甬道，试着将甬道的一小段拨开，躲在甬道中的白蚁便纷纷窜出来，通力合作将缺口补好。从白蚁的行为中

黑板树在身体的缺口抽出新芽，展现强韧的生命力。

玉山佛甲草生于裸岩之地，绚丽如繁星坠落。

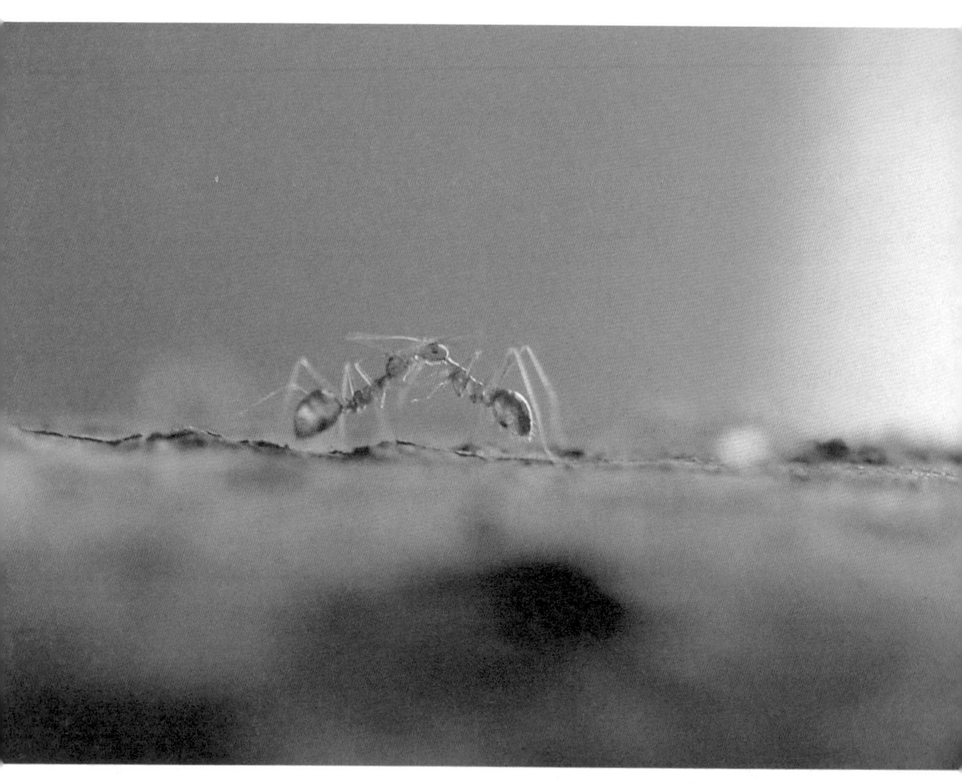

在蚂蚁的社会中，每一项工作的完成都需通过高度合作，而人类在达成许多需求的过程中，其实也是如此。

你是否学习到合作互助，遇到问题马上解决，而不该把时间和精力浪费在懊悔、苦恼上，应该马上重新出发的道理呢?

观察蜘蛛结网时那迅捷、勤奋的动作，是否感受到时光易逝不能惰怠呢?

一枝香发出清香，大方让人欣赏，让他学习到心胸宽大。一个孩子如此说。

蚂蚁不论食物多么庞大、沉重，都会努力地将它搬回家。孩子学到了意志坚定。

“小草对妈妈说：‘哎呀！我们又被踩了。’妈妈对小草说：‘没关系，这样才会长大。’小草因此学会了忍耐。”一个六年级的孩子这么写道。

树木历冬落光了叶，张着赤裸的枝丫，虽是一片枯槁景象，但我看见了泥土里丰沛的生命力，蠢蠢欲动，为来年春天的一场新生酝酿、发酵；而满树花开缤纷、硕果累累的繁华，正是树木在努力绽放自己，让人鸟虫兽为它驻足、叹息一场，而它也正尽责地繁衍子孙。

用心走过春夏秋冬，万物皆可以为师、为友的道理，我已渐渐懂得。

卷二

发现自然

我始终觉得将双膝跪在泥土上是一个很重要的姿势，也因为如此谦卑而接近土地的姿势，你才能看到如花草这般渺小的生命，也能够发现更多繁丽的自然世界。

跪下来，不然会错过花香

我曾经尝试在一片久未整理的草地上，划分出几块区域，然后请学生自由选择其中一块约三米见方的草地，作为自然观察的据点。

观察什么呢？我要孩子们记录草地上有多少种植物，并且把在草地里发现的小生物记录下来。

因为花草很矮，有的几乎贴近地面生长，所以我们必须弯下身来，甚至跪在草地上才能看得仔细。

二十分钟后，我们分享彼此的观察记录，有蓝紫色的蓝猪耳、金黄色的金午时花、黄花酢浆草、粉色的一枝香、开黄花的长柄菊、有刺的含羞草、龙爪茅、两耳草、白茅，还有一些不知名的禾本科植物……其中一个孩子惊讶地说：“看起来好像

红毛草是秋天的野地里最耀眼的明星。

一只稚龄的小螽斯，只有在大自然的调色盘里才会有如此大胆的配色。

只是一堆绿色的杂草，没想到仔细观察，竟可以找到十几种植物住在里头，而且都很漂亮。”我告诉孩子：“提出进化论的达尔文曾经做过一个实验，他从三个不同的小泥沼边挖回三汤匙的泥巴，经过六个月后，他发现从泥巴里长出来的植物，竟有五百三十七株之多！可见，蕴藏在泥土里的种子数量是多到令我们无法想象的地步呢！”

而在草地里被我们惊扰而出的小生物，有成群飞舞的冲绳小灰蝶、小飞蛾，在茎叶间爬行的瓢虫，还有躲在草丛里的蝗虫和螽斯……

当为期八个月（每周一次）的自然观察课程告一段落时，其中一个学生的父亲告诉我，以前他的孩子到公园去只会玩游乐器材，现在即使是与父母同游，他也会自己到草地上观察昆虫和植物，并且很能自得其乐。

我始终觉得将双膝跪在泥土上是一个很重要的姿势，也因为如此谦卑而接近土地的姿势，你才能看到如花草这般渺小的生命，也能够发现更多繁丽的自然世界。

原来生命无所不在

每当我要带领一批新的学生展开野外自然观察的课程时，第一堂课我一定会选择从公园里的一棵树开始。都市的公园对孩子来说是再熟悉不过了，但就如同初入宝山的人，面对一棵树，孩子却不知如何发掘宝藏。此时我就必须扮演福尔摩斯的角色，从孩子不曾注意的角度，发现新奇的事物并与他们分享。

我带着孩子嗅闻每一片叶子特殊的气味，用手去抚触每一棵树纹的肌理，并且一再轻易地从树隙叶丛中发现新奇的小生命。例如，藏在叶背的蝶卵和椿象卵，挂丝于树干上与树干同色的避债蛾……

从不曾借由微观及打开各种感官的接触方式

去亲近大自然的孩子，经由我的引导，旋即挑起高度的兴趣及好奇心。他们开始尝试集中目光，弯下身子或抬起头来，去贴近一棵树。发掘新事物的惊喜之声便不绝于耳了。

有一个孩子折了一截樟树掉落在地面的枯树枝，发现它同样也有樟脑油的香味；有的孩子发现草丛里的蜘蛛正在啃噬一只蜜蜂；还有的孩子发现正在交配的椿象，像两个方向相反的火车头互拉着……

孩子们丰富的想象力及对新鲜事物的敏锐度，都可以在大自然中尽情地释放、发挥。

课程即将结束时，一个八岁的孩子在他的观察心得中写道：“刚开始并不晓得生命在哪里，等到发现了一两种生物，有了经验，后来就很容易找到他们了。原来生命是无所不在的啊！”

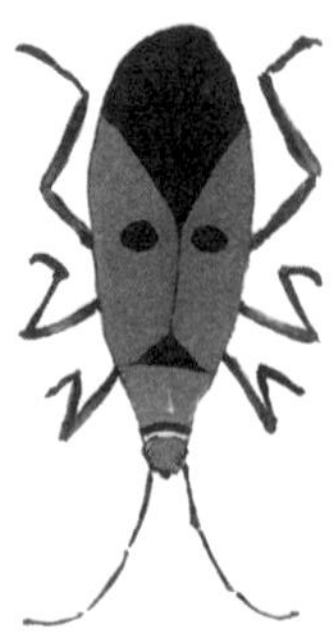

打开新视野

冬日午后，我带着一群小学生在后劲溪畔进行一个发现生命的活动。

那是一条一边植满刺桐，一边鬼针草、野生小苦瓜及毛西番莲蔓生的小径。在一般对自然生命毫无敏锐觉察力的人而言，那只是一条寂寞小径，偶有燕子飞掠的身影，空气中犹布满西青埔垃圾场挥之不去的恶臭。更遑论发现溪中红冠水鸡戏水觅食及枝头上对着暮色叫嚣的喜鹊夫妻。

那是一条鲜有人迹的小径。我要求学生们在这条小径中寻找自然生命并与其他人分享。

刚开始，这群未受自然观察训练的孩子总是不得要领而大步穿过刺桐及大花鬼针草丛，一无所

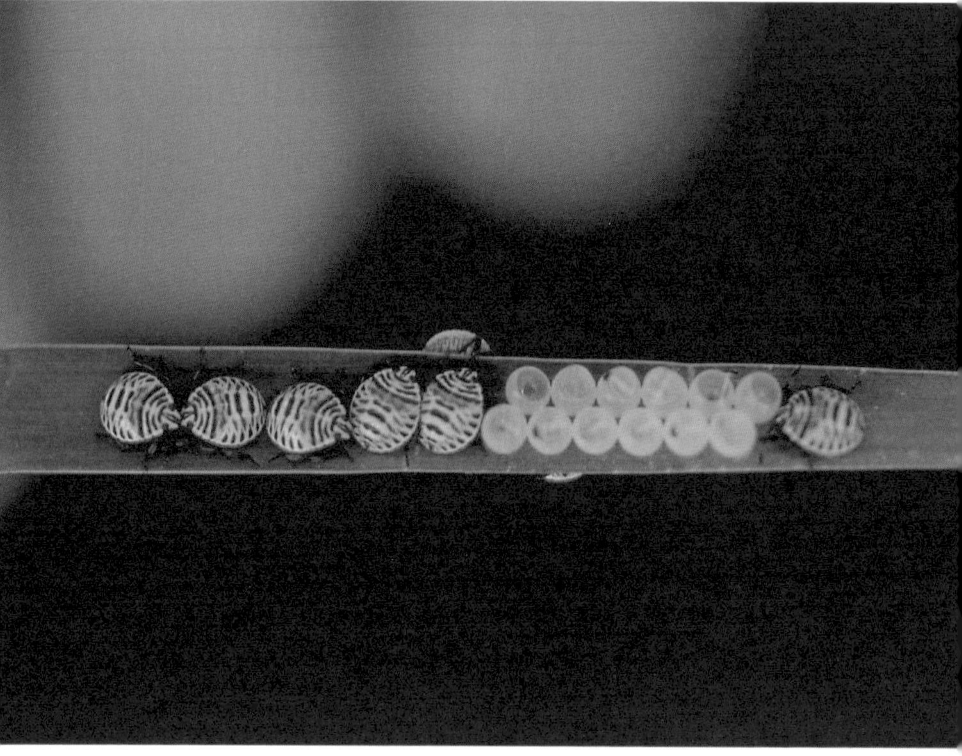

椿象的一生都带着色泽鲜明的面具。

避债蛾如一个迷你铃铛悬在树间，你发现了吗？

交尾中的红胡麻斑沫蝉。

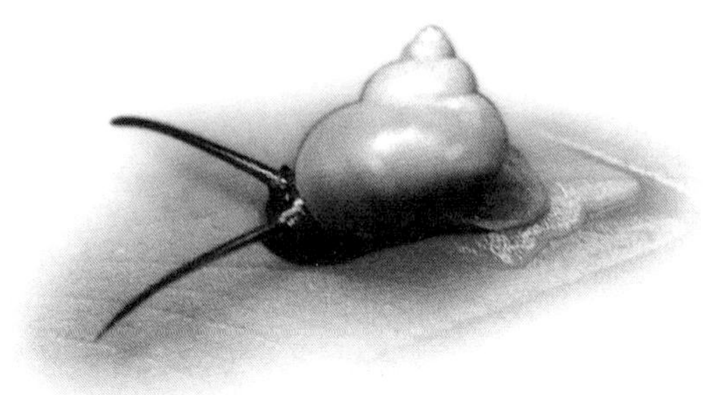

蜗牛以谨慎的态度跨出生命的每一步。

获。后来，我在他们面前示范如何轻易地在树隙草缝中发现粘在树干的与树干同色的避债蛾、泥蜂筑于树干上的陶瓮一般的窝和在叶背画图的白色螺旋粉虱及正贪婪吸食树液的黄斑椿象……

方法很简单，只要将注意力从大处移至细微处。

孩子们逐渐聚集原本散漫的焦点，弯下身来（这是一个重要的动作），发现新事物的惊喜之声便不绝于耳了。像草丛里蜘蛛包住了蜜蜂，地上的马陆尸体，交配中的椿象……

回程时，我与孩子们角色互换，请他们将自己发现的事物与我分享，有的孩子还细心地捡石头将他发现之物围起来做记号。

在心得分享时，孩子们大都觉得刚开始并不晓得生命在哪里，等到发现了一两种生物，有了经验，后来就很容易找到它们了，原来生命是无所不在的啊！

而大多数的人，不都是将其他生命视为无物，漠然地生活着吗？总要有一把钥匙将新的视野打开，才会发现与我们同生共息、无所不在的生命，如此精彩！那把钥匙，只是一颗纯真好奇的心哪！

帮小花取个名字吧

在野外有一种蔓性藤本植物，喜欢伸出魔爪般的匍匐茎攀在别人身上生长，并且全株上下还会发出令人掩鼻避之唯恐不及的粪臭味，因此人们赋予它一个名副其实的名字——鸡屎藤。夏秋时分它会成簇地绽开紫红心、白色筒状花冠的小花，精巧得似一支支小口红，当然还是脱不了臭味。不过它臭归臭，听说能治胃病、感冒咳嗽，效用还不错，而且嫩叶煮熟了臭味尽失，炒蛋滋味还不臭呢！

看到它那碎纸片般的小花让我想起一个童话故事。有一回我带学生们上野外课，便在一丛盛开的鸡屎藤面前，坐在舒软的草地上告诉他们这则动人的故事：

在一个野生花园里，众花灿烂大方地开放，有一朵小花特别孤单，因为她不仅小，连颜色也不太好看，众花从不跟她聊天，只会偶尔嘲笑她，笑她的长相，但小花不以为忤，她总想："我虽然不好看，但我还是有自己的特色的。"

夜里，小花总喜欢仰着脸看星星，那蓝蓝红红的光感觉好温暖啊！蓦然，自大海般墨蓝的夜空里传来一声深沉的叹息，那是一颗有着红宝石光芒的老星星所发出来的长叹，这就开始了星星和小花的对话。

"怎么了，为什么叹气呢？"小花关心地问。

"唉！我就快死了，可是我从未看过一朵盛开的花，每回我出来时花儿都睡着了，真想看看一朵盛开的花呀！"老星星惋惜地说。

老星星的叹息引发了小花的同情心，她热心地央求玫瑰花啦，山芙蓉啦，野牡丹啦，请她们开一会儿，可就是没有花儿肯帮忙。最后，小花满怀歉意地对老星星说："老星星，我开花给您看，可是我很丑，您

可别介意啊！”于是小花努力撑开了花瓣！（说到这儿，我还得加上动作，双手像畸形一般撑在胸前、满脸挣扎的样子，就像鸡屎藤，怎么撑就那么丁点儿大。）

老星星看了之后满足地叹口气说：“啊！这真是我看过的最美的花了，真美啊！谢谢你！”说完，便化成一道红光划过玻璃般的天空，坠落在小花的花瓣上了。从此，小花不再是丑花了，永远都有宝石般的光在她瓣上闪烁着。

我告诉孩子们：“帮这小花取个名字吧！”

“宝石花”“星星花”“蓝宝花”……孩子们绞尽了脑汁奋力地想。

“这作者给了小花一个名字，叫‘流星花’。”

“哎呀！我本来要说这个名字的。”一个孩子懊恼地说。

当我向孩子讲述这则自己改编过的故事时，从孩子们认真的眼神中看到了感动，并且发现孩子对这样说故事的方式印象深刻而且兴趣浓厚，印象深刻的不只是故事，还有原本没有好感的鸡屎藤以及造物者的神奇啊！

种子的奇幻之旅

到野外时，我喜欢捡拾植物的种子，每一粒种子都有其独特的造型和颜色，令人爱不释手。像鸡母珠和孔雀豆令人沉醉的红、山芙蓉的雪花白、车桑子透明的木色，还有马鞍藤那种略带沧桑的棕色……而每一粒种子也都以不同的方式散播到各地，例如：掌叶槭的翅果是乘着风去流浪；鬼针草针状的种子黏附在动物和人身上到处旅行；还有雀榕的隐花果是请鸟儿帮忙散播；而豆科扁形的荚果是感受到阳光的热力在瞬间迸裂，而裂开的荚果会卷成螺旋状。这样的荚果我搜集了好几个。

带学生到野外去，我除了让他们欣赏每一颗种子不同的特色之外，也让他们自己观察每颗种子传

播的方式和力量。

有一次我和学生走入一片大叶桃花心木林，看见桃花心木片状的种子落了一地，便教学生各拾一片种子往天空抛去，刹那间，天空仿佛成了芭蕾舞者的舞台，种子一下子跃起又降落，孩子们不禁欢呼起来。

漫天飞旋的桃花心木种子，不就是孩子最简单也不必花费一毛钱的最佳童玩吗?

捡拾回来的种子，我通常会把一部分收在玻璃罐中，其他便撒入土里任其生长，不消数月光景，阳台上便也充满了野色。

我也鼓励学生搜集种子。有一回我到小学带一年级的小朋友做自然观察，突然有一个小女孩走近我，手里拿着一粒绿豆般大的咖啡色种子问我：“这是什么？”我告诉她那是台湾栾树的种子。她问我可不可以种这粒种子，我告诉她先把种子晒干，几个月后再把种子放进土里就行了。

小女孩很满意地转身跑开，我望着小女孩的背影，心里期待着小女孩种下手中的种子，能够顺利萌芽、茁壮成长，陪伴小女孩一块儿长大。

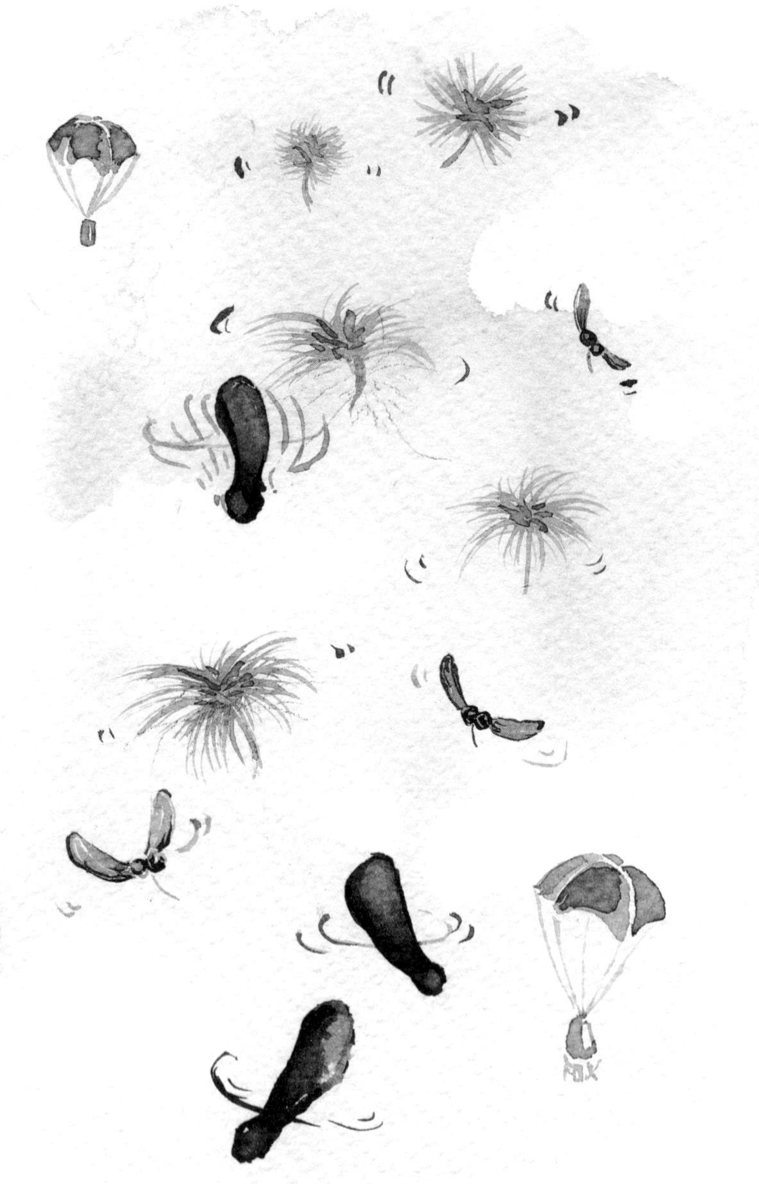

静猎

这一次野外课要出发前，我先在课堂上讲了一个北美印第安人训练族里少年静猎的故事。他们把少年带至森林中，静猎的工具是敏锐的目光和安静的心。少年把自己想象成一棵树或一块岩石，让猎物浑然不知少年的存在，而一步步接近，进入少年的狩猎范围。

这就是今天的主题——静猎。

我和九名四五年级的孩子，保持静默地出发，形成一支静猎的队伍，我要求每一个孩子至少找三样目标，用他静猎的工具做观察。

活动开始没多久，最富想象力的皆兴便走到我身旁，用他一贯天真无邪的语气说："老师，我已

在大自然中进行静猎活动时，你必须以心为弓，以目光为箭，身体如蝗虫般机警。如此，你的收获将无比丰硕。

『蜜蜂嗡嗡嗡，勤做工』，这是书本上、歌词里的句子，你可曾停住脚步，仔细观察一只蜜蜂采蜜的动作和速度？

独角仙是大多数孩子童年时的最爱。

经成功地让一只苍蝇完全忘记我的存在了。”

我笑着摸摸他的头，低声说：“很好，继续找下一个目标。”

平日这样的野外课，孩子们虽也能找到许多藏匿得极巧的自然生命，但总难让身体和心保持安静与大自然融合，而静猎的活动却是很好的方法。

这一次静猎，从孩子的观察笔记中可以看出孩子们都有不错的收获，例如，停在鼻尖的粉蝶、走路一摇一摆的菜虫、随风轻晃的竹子、叼着虫的白头翁、一跃即跳过身长十倍距离的灰色蚱蜢……而皆兴的观察笔记也出现这样一段有趣的记录：“我今天抓到的猎物有：苍蝇，它吸血吸得正高兴（苍蝇不吸血的——老师注）。叶子，叶子正要搬家，根本不知道有我。最后是蚂蚁，它以为我是一座石像。”

金午时花上的蜘蛛

上午，我们对着一棵植株高约一百五十厘米的金午时花做观察。

因为经常跑野外的关系，我很快就发现两片纠在一起的叶子，并认为里头一定有文章。我轻轻地掰开用细丝联结的叶片，一只绿色的尺蠖像突然被打扰了睡眠错愕地伸出头来，我有点得意地向学生展现我发现的成果，并叮咛他们多注意形状扭曲、纠结的叶片。

我刚说完，天荣很快便用他那锐利的目光找到了已羽化蜕壳的蛹、比蚂蚁还小的尺蠖及停在叶上的绿色蜘蛛。

这只绿色蜘蛛并未结网，而且正站在一团白得发亮的丝膜上。我兴奋地指着那团丝膜问：

蜘蛛伪装成一粒鸟粪，躲避天敌的捕猎。

停止在叶上的蜘蛛，如埃及法老一般尊贵而神秘。

“你们知道这是什么吗？”

“蜘蛛的卵。”天荣大声而肯定地回答。

我满意地摸摸天荣的头称赞他，又随手捡了一根细枯枝，把握眼前这个活生生的教材。

“你们听过蜘蛛抱卵吗？”我问。

“有！”孩子们大声地说。上回我在课堂中曾提过。

我用手中的枯枝轻轻拨弄蜘蛛，可是它却反常地没有脚底抹油吊丝逃之夭夭，相反，它死命地七脚八脚粘住它的卵，怎么也不肯走。这就是我要说的蜘蛛拼死护卵的母爱精神。

“天荣，你从母蜘蛛护卵的行为中看到了什么？”

“它在和你决一死战！”天荣调皮地回答，眉毛很卡通地往上一挑。

“你再想想看，认真地回答。”

我耐心地请天荣将思考后的答案告诉我。

“我知道了，它怕它的小孩死了以后，就没有人赚钱给它花，它只能自己赚钱……”

真是令人失望的答案，我再询问其他孩子。

“它怕它没救后代会绝种。”楚航说。

“我对这件事很冷漠，没有看法。”铁锴说这话时，嘴巴泛着一丝顽皮的笑，鼻梁上的眼镜几乎触着了蜘蛛脚。

最后皆兴在纷乱之中简单利落地说了两个字“母爱”，而停止了这次讨论。

事后，我觉得孩子们的想法，都比我想说的要有创意多了。

琉璃秋光

秋天的作文课，我带孩子们在城市中寻找秋天的讯息。

午后的阳光被抹布般的云层挡住，迎面拂来的风像风油精一般清凉而温暖。我们找到的第一个秋天的讯息，便是台湾栾树落了满地像星辰一样的黄花及高插枝头的桃红灯笼般的果实。我们捡了几颗蒴果剥开来，孩子们不禁赞叹，里面还躺了两粒绿珍珠般的小种子呢！

我们绕进公园，很多老人在里头聊天、运动，空气中飘浮着草香，我们站在高大的合欢树底下，秋天的风像一支仙女棒轻轻一抹，卵黄色的叶子竟像雨点、像雪片撒了下来，拂了一身，看得我们都呆住了。

有一个孩子看着地上乱扫的落叶突发奇想地说："叶子被风追得都流汗了！"被大自然启发的想象力真令人惊奇呢！

红砖道上的红毛草，也挂满了酒红色的耳坠，迎着风儿对我们微笑，我忍不住弯身采了几枝，想把这醉人的秋色插在花瓶里。我们看到空地上五节芒高高的小穗在风中摆荡，一个孩子后来在作文簿里写下这样的句子："秋爷爷把五节芒花白的胡须吹得陶陶欲醉，摇头晃脑。"

秋天的稻穗褪去了油绿，呈现饱满的金黄，就等待收割后成为珍贵的米粒了。在稻田旁一棵矮小的南美假樱桃树营养不良地结了几颗果实，我找了一颗粉肉色的假樱桃请孩子吃，这种树不必人为栽种，是到

『空气中飘浮着草香，我们站在高大的合欢树底下，秋天的风像一支仙女棒轻轻一抹，柳黄色的叶子竟像雨点、像雪片飘了下来，拂了一身，看得我们都呆住了』

处野生的。经过几个月野外课的熏陶，学生们多已习惯和我一起品尝大自然的野味。当吃下小樱桃的孩子露出满意的笑容说“哇！好甜”时，其他的孩子旋即像蜂群一样粘住树枝拼命搜刮。很快地，树上便只剩白色的小花及青绿未熟的涩果，而这群饕客似乎仍未满足，我告诉他们别着急，这种树一年四季都在开花、结果，路边很容易见到的。

稻田旁的红砖道上种了一排掌叶苹婆，此时正累累垂悬一串串涩青果实，我们站在树下联想它两个圆圆鼓鼓的球中间一条沟的模样像什么，有人说像篮球，有人说像臀部、像桃子。我说觉得它像塞得鼓鼓的钱包，它在冬天成熟时转为赭红色，中间的缝裂开来，又像极了诵经时用的木鱼，孩子们期待地要求我冬天来临时能带他们来看掌叶苹婆，我当然很愿意和孩子们订下访花探果的美丽约定！

就在秋天的午后，我们绕着城市边陲漫游了一个多小时，孩子们依然兴致高昂，比在教室端坐三个小时还要轻松、愉快。回到教室我们一起把秋天的信息记下来。其中一个孩子将她手上一束秋色、刚采的红毛草送给我作为教师节的礼物，真是富有秋天气息的浪漫礼物呢！我将它供在玻璃瓶中，细细保留它，从酒红褪成银紫，倾泻出一季的琉璃秋光。

卷三

感官之旅

对于自然的声音，我们可以很纯粹去辨听它来自何处、出自何物，更可以画下一张心的声音地图，融入想象和感情，自然的音乐便成了诗的篇章。

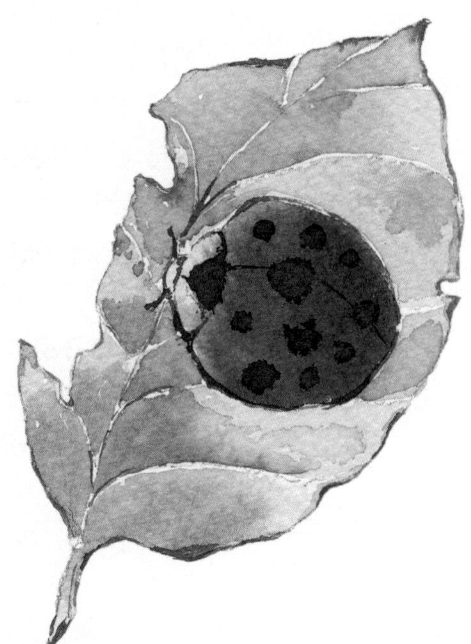

小侦探的自然游戏

在野外，要让孩子们记住某棵植物或某只昆虫的名字，甚至记住它的特性等知识，是较容易的。但要启发孩子对大自然的好奇及内在真诚的感动，甚至与人分享这种美好的经验，我觉得较好的方式是多运用打开各种感官的游戏，让孩子与自然做最直接而亲近的接触。

1. 打开视觉：在丰富的大自然里，要求一群精力充沛的孩子乖乖听我口述知识，实在很困难。所以我常常安排搜集特别的自然物的游戏，让孩子们集中注意力。

有一回，我们沿着一条溪流前进，孩子们都铆

> 「这个游戏主要是进行"气味之旅"，让孩子嗅闻植物所散发出来的各种气味，等到孩子把蒙眼布取下，再凭感觉循着原来的路线，像个小侦探似的，不放过每一片叶，每一朵落花甚至树皮，从中寻找记忆中的气味。」

足了劲，眼明手快地从各种角度搜寻特别的自然物。最后成果分享时，我发现孩子们搜集到的有：蛇蜕的皮、干瘪的青蛙、各种昆虫的尸体残骸以及许多植物的叶子与果实……孩子们对于自然生物的敏锐度往往令我感到惊奇。

2. 气味之旅： 平常我们总是习惯用视觉与外面的世界做第一层的接触而忽略了其他感官，所以我也经常设计一些暂时摒除视觉，充分运用其他感官与大自然接触的游戏。

其中我很喜欢的一种，便是让孩子把眼睛蒙住，然后将手搭在前面的人肩上，形成一支毛毛虫队伍前进。刚开始孩子会由于不适应而产生不安全感，但他们往往也会兴致高昂地猜测走过的路到底是红砖道、水泥路、沙地还是草皮，遇到转弯时还不时尖声怪叫，让整个过程充满刺激和新奇。

而这个游戏主要是进行“气味之旅”，让孩子嗅闻植物所散发出来的各种气味。等到孩子把蒙眼布取下，再凭感觉循着原来的路线，像个小侦探似的，不放过每一片叶、每一瓣落花甚至树皮，从中寻找记忆中的气味。

当答案揭晓时，总是出人意料，原来发出水果香的竟是落地的腐果，而充满恶臭的竟是小巧可爱的鸡屎藤花……

在游戏的过程中，孩子们不仅体验到植物千奇百怪的气味，也学会了运用嗅觉和大自然做更进一层的接触。

每一颗种子都有它神秘的过去。

寻访山中的声音地图

观音山有一片峡谷，笔筒树、观音坐莲、无患子……茂生其间，颇有热带丛林的感觉。我很喜欢带学生来到这片峡谷，坐在木桥上，张开耳朵谛听来自四面八方的自然乐音，并要孩子们用简单的符号或注音，形容自己所听到的声音，一张简单的声音地图就产生了。

美浓的热带母树林是一片参天古木的林相，抬头望不见树顶，鸟鸣只闻其声而不见鸟。我时常带学生来到这儿坐在树下，然后闭上眼睛，在静坐时细细倾听大自然的心情、风和叶的婆娑对话，解读动物之间的语言……

于是，一张张诗篇一般的声音地图，便从孩子们纯真的心灵跃然纸上。例如：蜻蜓着急地寻找女朋友、蝴蝶出来散步、蟋蟀在喊救命；五色鸟的声音很饱满，却找不到鸟影，像个小偷一样……这是属于童稚的语言，充满想象。

此外，我也经常鼓励孩子们用手去触摸一棵树的纹路，或是一片叶子的质地；或者去拥抱一棵树，感觉树的年龄，甚至去体验让毛毛虫或其他昆虫在手心及身体其他部位爬行的滋味。让身体与自然直接接触，更能领会大自然的丰富。

每一次我带学生上观音山，一定会要求他们脱去鞋袜的束缚，让脚丫子直接踩在柔软细致的沙地上，一股沁透心脾的清凉和舒适感，旋即从脚底直达心脏，那种美妙的经验是无法用语言文字传述的，只有亲自体验才能了解。

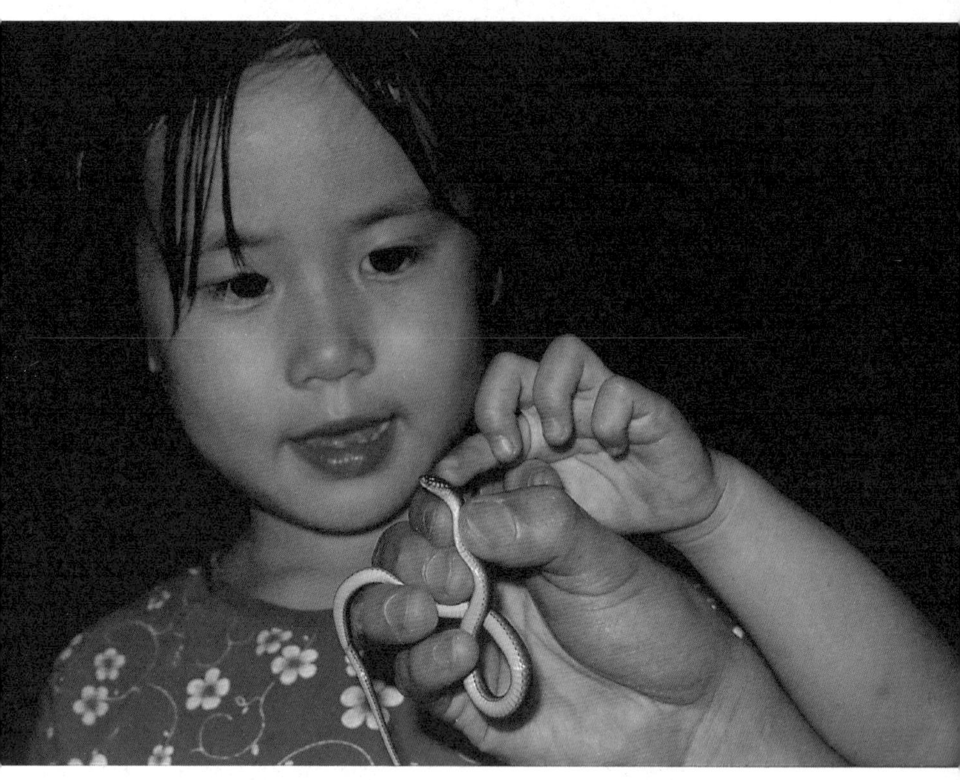

身体与大自然的直接接触，是惊奇而感动的。（此蛇无毒，请小朋友勿随意模仿）

阳光穿过车桑子的果实，通体透明。

绘制一张声音地图

鸟妹妹在唱歌

风姐姐在跑步

下过一场雨以后，田野里充满各种蛙鸣虫唧。你知道吗？只有雄蛙的鸣囊才会发出声音，雌蛙是不会叫的。雄蛙的鸣叫除了求偶之外，有时也是为了宣示领域，而雌蛙还会以雄蛙鸣声的高低来判定其雄壮的程度，作为择偶的依据呢！

黄昏时分，小鸟儿倾巢出外觅食，有的还呼朋引伴，啁啾声在树林间此起彼落，你能分辨出有几种鸟声？哪些声音又是出自哪一种鸟呢？

夏天里，高大的枝丫总会传来不绝于耳的蝉鸣，夜晚纺织娘求偶的声音及蟋蟀自地洞里发出单调的呼唤声……你可曾仔细聆听？

疾风扫过树梢，抖落树叶；流水潺潺滑过岩

石；蜜蜂嗡嗡飞过你的身畔……你可曾注意到自然中微妙而丰富的合唱？

找个空旷的地方坐下来，让浮躁的心安静下来，仔细聆听环绕你周围的声音，并用简单的符号记录下来，绘制一张丰富而生动的声音地图。

你还可以试着用自己的手做出“袋鼠的耳朵”，把手掌变成碗状，放在耳后，将声音收集在手掌里，并反射到耳中，会使你听得更清楚。再把“手碗”转朝背后，听听后面的声音。

把自己想象成一块岩石，纹丝不动，让大自然的声音在你身边尽情演唱，甚至你可以试着阅读动物之间的“对话”呢！

“

1. 你听到几种不同的声音？

2. 你听到哪些动物的声音？

3. 什么样的动物声音是你无法分辨的？

4. 请用文字叙述你听到的每一种声音，并尝试作一些比喻。

”

心的声音地图

在热带母树林，笔直参天的林木，突起地面且粗壮的板根之间，自然的乐音似雨后奔腾的溪流淙淙滑过心头，来自四面八方。

夏日的午后，我带领着学生坐下来，张开耳朵谛听围绕身旁的声音。

大卷尾拉长了喉咙，划过林梢；五色鸟躲在望不见树顶的枝丫，规律而寂寞地啼唤；一波又一波的风浪，将层层树叶吹拂得似舞蹈中的湖水；枯瘪的黄叶竟像断枝一般折离叶柄，清脆地摔落地面。

一个耳尖的学生兴奋地喊着："我听到了落叶被风追赶在地面打滚的声音，啵、啵、啵……"

对于自然的声音，我们可以很纯粹去辨听它来

自何处、出自何物，更可以画下一张心的声音地图，融入想象和感情，自然的乐音便成了诗的篇章。

气味之旅

初秋时分，我带学生们来到爱河畔的草地上，清爽微凉的风中飘送着各种花开果熟的气味。我将事先准备好的长布取出，神秘地要求学生们将眼睛蒙上，并且将手搭在另一个人的肩上，形成一支毛毛虫队伍，由我领着带头的学生，在草地上展开气味之旅。

队伍在怪叫惊喜中战战兢兢前进，我们来到繁星般的花丛间，雪花般的七里香传来诱人的清香，学生们纷纷发表意见，像香水、像玉兰花、比女人还香……赭红色花瓣、风车形状的大王仙丹，似乎没什么味道，用力闻便能嗅出淡淡的橡胶味。

在大王仙丹丛中，有一种攀藤类植物，长筒状

粉紫色花，细碎得像纸灰，一阵微风拂来正好充分将它特殊而浓郁的气味扑入鼻中，我不怀好意地要求孩子们凑近花丛用力呼吸，孩子们纷纷蹙眉撇嘴，夸张地做出呕吐状，“好像大便噢！”有人抗议地说。没错，这可爱小巧的花有着名副其实的名字——鸡屎藤。

我在地上捡了几个熟透、几乎呈芭乐黄的棱果榕果实，孩子们喜悦地大呼好香，像柳橙、像木瓜、像香蕉……说着口水都快流出来似的。

最后我将队伍转了个大弯，孩子们知道已靠近河边，却意外发现爱河并没有想象中的恶臭。

然后，我请孩子们卸下蒙眼布重见天日，并要求他们凭借记忆找出刚才那些味道的源头，当答案一一呈现眼前，真叫人惊讶。鸡屎藤虽然恶臭如粪，花却细致美丽；棱果榕落地的熟果溢着水果香，却烂得千疮百孔，一点也不可口的样子。只有七里香幸运地花如其香，大王仙丹和它的味道一样，平淡无奇。

其实我们周遭充满各种气味，只是我们总是过于依赖眼睛做第一触觉，尤其是走入大自然时。偶尔忽略一下视觉，让嗅觉的功能充分发挥作用，会发现自然中充满令人惊奇的味道噢！

尝野果

带学生到野外上课时，除了让孩子们打开耳朵谛听自然的声音，并充分运用嗅觉感受各种植物不同的气味之外，我还喜欢和孩子们一同分享大自然的另一项恩赐——尝野果。

有一种匍匐野地而生的植物毛西番莲，它很细致地用绿色密毛包裹未成熟的果实，等到绿色的果实转成橘黄色时，我们就剥开薄薄的外皮，将黑色的种子及甜甜的汁液吸吮入口，味道有点接近百香果。

还有一种冬天结果的野菜——黑甜仔菜，它的果实黑黑圆圆，像一粒小钢珠，尝起来味道酸酸甜甜的。不过我总要特别叮咛孩子们，黑甜仔菜的果实具有轻微毒性，只能浅尝几颗，不能贪多。

在尝野果的过程中，大部分的孩子总是等我先吃了一口确定没事之后才敢尝试；甚至有的孩子是一而再，再而三地看到其他孩子脸上喜悦满足的笑容之后，才抛弃成见和我们一起尝野果。在一次又一次尝试中，孩子们也于无形中体验到大自然的丰富与奥妙。

我们尝试过的许多野果中，最受孩子们欢迎的要数南美假樱桃了。南美假樱桃树是一种野生乔木，也有人把它栽植为公园路树。它十分大方，一年四季都在开花结果，尤其是当它硕果累累时，站在树下都能感觉浓而甜腻的香味弥漫在空气中。

每次经过南美假樱桃树，我们总会忍不住停下脚步，仔细寻找挂在枝上一颗颗粉红、桃红的成熟果实，有的个子矮小的孩子便踮起脚或跳跃起来，手伸得老长采撷野果。自己尝了几颗后，还颇细心地将其余的装在盒子里，带回家给妈妈吃。

有一回我们停在几棵榄仁树下，我向孩子们介绍榄仁树的叶子到了冬天会变红，而且会一片片掉落，秃着枝丫等待春天来临。有人捡拾它的落叶烧水喝，听说可治肝病。而它的果实由绿色变成黄色时有芭乐的香味，可以直接咬着吃。更有趣的是在它硬实的果壳里面有一粒扁而细长的果仁，吃起来像杏仁果一样可口……话还没说完，几个好奇心重的孩子已弯下身捡了几颗褐色的果实问我能不能吃，我说要找烂一点的，把果壳敲碎才能吃到果仁。

于是我们一群人又蹲、又跪、又趴的，拿着石头或砖块对着一颗枣子大小的榄仁果敲敲碾碾，费了好大劲儿，终于吃到了花生米一般小的果仁。其中一个孩子笑着说：“我们好像原始人。”

我想，就是这种接近土地的姿势，让孩子们一步步蜕去文明的束缚，享受自然的野宴。

「带学生到野外上课时，除了让孩子们打开耳朵聆听自然的声音，并充分运用嗅觉分辨各种植物不同的气味之外，我还喜欢和孩子们一同分享大自然的另一项礼物——尝野果」

蛙鸣百啭

小时候看到书上总是写着青蛙在荷叶上“呱呱”叫，鸟儿在枝头鸣“啾啾”，蝉声“知了、知了”叫了整个夏天。后来，我开始认真和大自然交朋友之后，才发现“呱呱”二字无法概括青蛙鸣叫，鸟鸣更是种类繁复、千变万化，一只鸟同时就可能拥有十多种不同的鸣声，而且我也未曾听过哪一种蝉的叫声是“知了、知了”的。

有一回带朋友上山，忽然从密林中传来细嫩如幼猫的“喵喵”叫声，朋友很讶异山上的树顶还有野猫呀！其实那是一种全身乌黑、嘴巴及脚是猩红色的鸟——红嘴黑鹎，正娇羞地呼唤同伴呢！

夏夜里独自在山中的小径散步，各种不同的蛙鸣自雨后的潺潺溪涧旁传来：一连串如电话铃声

贡德氏赤蛙鸣声沉缓而洪亮，这种进行假交配的姿势可以持续一整晚。

的是莫氏树蛙，像雨鞋踩入水洼的是拉都希氏蛙。蓦然自黑暗的溪谷传来断断续续如口哨声的鸟鸣，在冷凉的山夜里，那鸣声显得特别孤单无助。我心想，这么晚了怎么还有迷途的小鸟找不到亲人呢？那鸣声间断而单调地持续着，和其他的蛙鸣形成三部和声，协调而不紊乱；我忽然想起来，这如鸟鸣的声音，原来是来自斯文豪氏赤蛙，而不是鸟儿。

又有一次下过雨的午后，我正要穿过学校的操场，那是一片被绿树围绕的野草地。突然，从草丛里传来一声简洁清脆，却微带颤抖的蛙叫。我循声拨开草丛，赫然发现一只后半部被一条身体有黑白环纹的小蛇咬住的金线蛙，正对着我睁着无辜且无助的眼睛，小蛇感觉到我的靠近，紧咬住金线蛙迅速往草深处穿梭，小蛇的眼睛像两颗小弹珠，而蛙儿又发出一声垂死之前抗议似的呼喊。我正在犹豫是否要干扰大自然的食物链法则，也许那条小蛇已饿了许多天，蛙儿成为蛇的食物是它的使命。我还在思索中，那蛇已经没入草丛中，我捡起枯枝拨弄草丛翻找，却再也没有蛇和蛙的踪影。

用身体与自然对话

经过几年来的尝试与摸索，现在我带学生到野外观察，便少了许多挫折和混乱。当我们发现小生物时，我也逐渐能够摆脱急欲告诉孩子“这是什么”“它有什么特性”“它在生态上扮演什么角色”等知识学习的习惯，而让孩子把生物当作朋友，先做观察，再去了解它。

有时，我让孩子各自找一种生物观察，并学习它的肢体语言，最后在大家面前表现出来，让别人猜是何种生物。

孩子本身单纯而外放的特质，使他们乐于在别人面前伸展自己的肢体，不像大人那样尴尬。所以我们可以看到从短短的观察中，孩子便能将动物

想象自己是一棵伸展着枝丫、日益茁壮的大树，无穷的活力在体内涌现。

于呼吸、吐纳之中，融入自然的律动。

的行为转化成身体的语言，自由而活泼地展现于外：像模仿毛毛虫蠕动前行、交配中的蝴蝶与椿象、被蜘蛛扛着的猎物、蚁狮慌乱逃命时的动作……每次看到孩子展现自由的身体语言及瞬间的创造力（年纪愈小的孩子，这种特质愈显著），总是让我感动不已。

有时孩子为了让表演更真实，也会寻求合作，集体演出某种生物的行为。像马陆行走，六只脚的昆虫走路、吃东西，叠在一起装死的椿象……只见他们柔软地趴倒在地，也不管草地上的泥土和蚂蚁，几乎是出于一种天分，把自己融入另一个生命状态中，那份混沌与自在，让土地和身体如此接近，真叫人羡慕。

从细腻的观察里，孩子们逐渐挣脱固化的观念，重新认识其他生物的各种行为。同时，经由这种身体与自然的对话方式，孩子的心灵便与自然万物更亲近一些，甚至从中获得启发。记得有一个六年级的孩子若有所感地说：“仔细观察小生物的行为，才发现它们虽小，却不简单，实在比想象中要复杂多了！”

把春天吃到嘴巴里

最近参与自然观察课程的孩子，年龄层愈来愈低，所以在出发前，我总要先详细说明当天上课的主题，好让低年级的孩子进入状态。

这一次的野外课，除了让孩子认识树木、训练观察力、发现树上的小生物之外，最重要的是让他们扮演大自然的厨师，利用大自然的材料做一道野菜。

当孩子们了解上课的主题之后，便在我的解说过程中，一边像小福尔摩斯般张大眼睛寻找住在树上或草丛里的微小生物，一边分工合作搜集做菜的材料。

后来我们把搜集到的材料摆上公园的大理石

桌时，发现孩子们选择的素材，都是我刚才教过的可食的野菜。

几分钟之后，一盘盘奇形怪状的野菜便出炉了。

大体上看来，小男生的成品多半菜色粗犷，材料也趋于简单。像其中一组便用十几颗青绿色的榄仁果围成一圈，中间摆了一朵朱槿，菜名也很直接，就是“榄仁围红花”！

另一组小男生细心地找来石板当盘子，上边却摆着涩青、黄熟、捣烂的发黑榄仁果，菜名就干脆取为“榄仁火锅”。最后一组男生的作品倒真是野味十足，衬底是一大坨刈草机刚割下来的野草，上面摆了几片完整的绿叶，重点是绿叶上那只活跳跳的蚱蜢，他们说这道菜可是很补的呢！

反观女生的作品便赏心悦目多了，二年级的第一组女生用绿色榄仁果围成一个圈，中间摆了黄色香水花，上面点缀两颗粉色的榕树隐花果和一朵红色仙丹花，菜名也是极美——“流星果”。第二组女生巧妙将植物排成了一把扇子。第三组女生更是把菜做得五彩缤纷，美人树、香水树、石榴果、川七、仙丹，紫的、黄的、红的、绿的、粉色的……女孩把这道野菜取名为“春天”。

把春天吃到嘴里，是什么样的滋味啊！

在活动的过程中，孩子们学会了相互讨论、互助合作，而从中激发出来的创意更令人欣赏。

卷四

沙卡的故事

生命来来去去，校园中不断发现燕子、麻雀筑的各种鸟巢，野花草更是自开自落。一个七岁的男孩教会了我，自然生生灭灭，无须太过执着，执着便是苦。

遇见沙卡

沙卡小学是一所位于台南县玉井的体制外生态小学。

当初会来到这所山谷中的小学也是极自然的缘分，因为在那样一个温暖的冬日午后，来到凤凰树下听见坐在树上的男孩在微风中念着他为苦楝树写的诗时，我便知道我会来到这个地方，爱上这里的人和事。

在学校的每一天都充满了音乐、汗水、泥土和花草香。今年，孩子们最大的成就便是吃到自己亲手栽种的有机草莓，充满泥土的芬芳。

这学期开始，我也在农田的一角撒下种子，学习成为一个业余农夫，圆了十多年的梦想。

当农夫和当老师之于我有很大的共同点。农夫从泥土里的生命汲取智慧，而老师则是从学生身上获得成长，都是有福气的人。

虽然沙卡小学不隶属于体制内，许多事是在颇为艰难的情况下完成的，但这里有热心奉献的好老师，有丰富的自然生机，孩子们会在自然万物的启示中，学习自由和成长。

沙卡的孩子，总是能自由地展现出与大自然的契合，尽情地融入大自然中。

竹林中的对话

初春时分，包围着险恶地形的大片竹林，在进行一场生与死的交替时，将大地点缀成金黄色的春天，充满浪漫的气息。

学校位于险恶地形的边陲，竹叶浪漫的黄也蔓延至此。我带着三个一年级的学生走入春雨过后的竹林中，空气氤氲着一股清新和舒爽。日前一阵温暖的春雨，引出大批蛰伏土道中的白蚁，弦瑄问：“为什么白蚁要在下雨天出来？”

对呀！为何不在晴天时出来玩呢？

沈悦说：“因为下雨天大家都躲在家里，没人会伤害白蚁。”

在童稚的想法里，人类是万物的敌人，所有的生物都害怕人类的捕杀。

竹林的小径不断有令人惊喜的小花冒出来，姬牵牛、粉牵牛、赛刍豆、葛藤、蛇莓……我和孩子们兴奋地蹲下身来欣赏小花的美，嗅闻小花和叶的香，看起来比小蜜蜂还要忙碌呢！竹林深处有一棵柚子树正开着粉白的花朵，散发水果一般的香味，不待我说，祈修已将鼻尖凑近花朵用力嗅闻，鼻头还沾了不少花粉。另外两个在祈修的赞叹中也忍不住踮起脚尖，享受柚子花的香味。

我问，为什么柚子树要开花？孩子们很有概念地回答，因为要结果，果子掉下来埋到土里变成养分，就会再长出新的树来。

“这就是生命轮回的道理，你们懂吗？”我准备花一些工夫来做解释，却见孩子们很理所当然地点头，大声答说：“知道啊！”看来新的教学理念，已在孩子们的思考中植入万物一体、生生不息的观念了。

一阵风挑起叶的舞姿，片片金黄和风一起翻飞，多美的春天啊！记得竹叶原是青绿的呀！怎会褪成金黄呢？

弦瑄说：“因为下雨了。”

沈悦和祈修答说：“因为竹子变老了，像人老了头发会变白一样。”孩子们的回答使我不禁莞尔。

午后这趟竹林散步，让我发现和童稚的声音偕行于大自然中，是一种极美好的感觉，如春雨后的清新舒爽。

养蝶记

只要在家门前种一棵金橘，便能引来美丽的台湾无尾凤蝶。

教室前面种了两棵金橘，秋天的时候，叶子上几乎爬满了毛毛虫，我和学生们就各自抓一只幼虫回去养在透明观察盒里。

毛毛虫很好养，我们摘几片金橘叶给它当食物，另外在盒子里放置沾湿的卫生纸保持湿度就行了。

几天后，一个二年级的学生，把一个青绿色有淡金横纹的蝶蛹交给我，蛹本来有细丝固定在透明盒中，但是经过激烈的摇动细丝便断了。当蝴蝶自蛹中羽化出来时，必须有东西让它抓住使力，所以蛹必须是固定的（这是我自己的想法），于是我把学生养成的蛹带回家中，绑在树枝上，等待它羽化。

而我养的毛毛虫在几天之内也蜕换了外壳，食

以柑橘类植物为食的台湾无尾凤蝶，在空气污染的环境中仍有极强的适应能力。

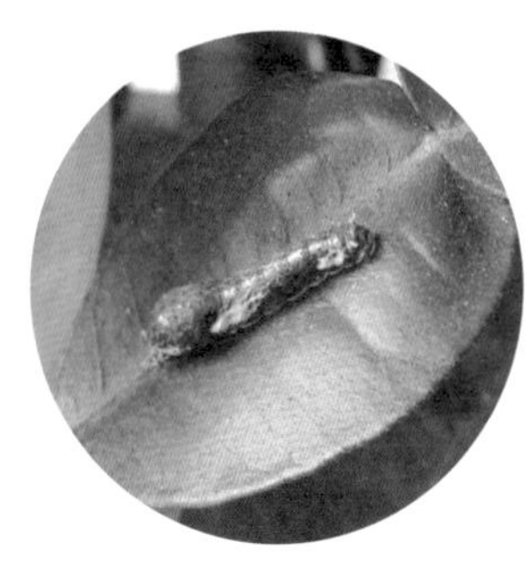

量增大，食量最大的时候，一天啃掉十多片金橘叶，终于幼虫变成绿色，且脚部呈似鸟粪一般不干净的白。几天后，它也自己结成了一个青绿色的蛹。很可惜它蜕皮及结蛹时都在半夜，我并未目睹。

学生的母亲告诉我，她的孩子在养毛毛虫那段时间，每日清晨六点半就自动起床为毛毛虫清理粪便。有一天晚上叶子没了，他还特地请妈妈骑三十分钟来回的路程去教室前摘金橘叶，他很专业地告诉妈妈，金橘叶是这种毛毛虫的食物，它不吃其他的叶子。

有一天学生认真地告诉我，他认为那只羽化后的蝴蝶会回去找他，因为他养它那么久（一个星期），所以他很担心放在我家的蛹化成蝴蝶后会找不到他。

当时我听了只是笑笑，并未多说什么。

学生的蝶蛹绑在枝上变成深褐色，丝毫无动静，后来我拿了一把小刀将蛹切开来，里面只剩土褐色的碎屑，它早就死了。

而我的蝶蛹却顺利地羽化成一只眼睛及触角深黑，身体米黄，翅膀有蓝橘黄红的块斑及黑色横纹的无尾凤蝶。它在小小的观察盒里似乎很不安。我想留着它下午上课时给学生看，又怕关在盒子里太久它会饿死。

后来因为一念之仁，我打开透明盒将它放在纱门上，它停在那里不动，我以为它还不太能飞，于是把它轻轻放在日日春的花瓣上，它微微颤了两下翅膀，便如一片羽毛般轻盈地飞向天空，几秒钟就看不到它的踪影了，我心里突然有个念头：它会不会再回来这个它生命出发的地方？

我转身将纱门打开，静静地等着。

灰胸秧鸡和翠鸟

那是一个被遗忘的水塘，因为被遗忘而能有纯净的空间让生命滋养，成为水鸟的天堂。

水塘四周是葱绿蓊郁的榄李丛，榄李是红树林树种之一，在台湾数量并不多，在这里却长得很好。清清的池水被榄李的倒影荡漾得绿波粼粼，六只红冠水鸡悠游自在地于水波之上嬉戏，我带着三个小男孩，蹑手蹑脚地接近水塘边缘，其中一只生性机警的红冠水鸡旋即低头滑入水中。我一边低声提示三个菜鸟红冠水鸡的位置，一边翻开鸟类图鉴让孩子们对照印证。

突然有一对黄小鹭自我们身旁的树丛中鼓翅飞起，尾羽两块大黑扇似的拍过水面，其中一只母

> “在我们转身离去之际，一只白腹秧鸡从容地步入草丛里，我快步折返找去，在草地里遍寻不着它的踪影，天空也没有鸟飞的印迹，白腹秧鸡躲在隐秘的角落等我们离去，像玩躲猫猫的小孩”

鸟停在对岸的榄李树上，以它惯有的伎俩拟态，纹风不动，我赶紧叫孩子们拿起望远镜搜索，而那只黄小鹭倒是挺配合的，直到三个小男孩终于用望远镜找到它之后才振翅飞离。

黄小鹭离去后，水面又恢复了平静，只有褐头鹪莺在远处“得、得、得”地啼唤，偶尔有一两只红鸠或小白鹭笨重地飞入木麻黄林，留下厚重的扑翅声。

我们静静等待着，倏然，又是一对！翠鸟，双双掠过水面，像两颗蓝绿宝石划过黑绒布一般清晰、耀眼，孩子们大声叫着：“哇！绿色的翅膀，好漂亮！”“腹部是橘色的！”

我把图鉴翻到翠鸟科那页：“头顶至后颈暗绿色，密布淡蓝色光点。背部至尾翼有耀眼的暗绿色泽及蓝色光点，胸以下橙色……”其中一只翠鸟停在它习惯栖息的突出的枝丫上正对着我们，缺乏赏鸟经验的孩子

很难发现它。

这里有一只翠鸟居留，我是知道的，不过来访十多次倒是头一回看到一对翠鸟比翼双飞，景象实在叫人难忘。

我继续带领孩子们穿过矮草丛，弯入榄李丛里，更接近红冠水鸡隐没的地点，虽不见半只红冠水鸡，却在惨白的榄李树根纠结中发现一只有鼠灰色胸部、红嘴、头顶至后颈呈褐红色、腹部有灰褐色、白色横斑的秧鸡科水鸟，撑起肥嘟嘟的身体独自在隐秘的泥泞地边缘低头啄食，从图鉴上确定它的名字叫“灰胸秧鸡”。

书上说它是台湾特有亚种，数量稀少，通常单独出现于水田、溪畔、池塘及沼泽附近之草丛中。于晨昏时分活动，不易见。曾于台中大肚溪口、彰化福禄溪、云林、嘉义鳌鼓、台南四草及安平、高雄澄清湖，台东大坡池等地区发现过。书上未提及此处，也许我们是第一个在这里发现它的人。我压抑着兴奋的情绪，希望孩子们能赶快以肉眼或望远镜观察到这种仅存于台湾的珍稀鸟类。

三个小男孩挤在榄李树下斜而窄的滩地上时蹲时站，找寻最佳角度，望远镜和双眼交叉并用，十足探险家的架势，在灰胸秧鸡隐入密丛之前，成功地扫到它。

然后，在我们转身离去之际，一只白腹秧鸡从容地步入草丛里，我快步循迹找去，在草地里遍寻不着它的踪影，天空也没有鸟飞的印迹，白腹秧鸡躲在隐秘的角落等我们离去，像玩躲猫猫的小孩。

这块被遗忘的荒野生机愈益精彩丰饶，算算今天看到的鸟种，收获实在太丰富了。

走出榄李树林，三个小男孩一边忙不迭地撩起裤管猛力地抓搔并一边喊着："好痒！"

我笑着说："如果这么一小片的草丛都受不了，以后就没资格去亚马孙热带雨林探险了。"

话一说完，三个孩子都噤声不再喊痒，甚至连抓痒的动作也慢了下来。不知是好强还是真想去探险。

回程的路上我问三个孩子："如果让你选择，你要当特有且数量稀少的灰胸秧鸡，还是要做普遍易见且美丽非凡的翠鸟？"

四年级的志宏说："我要当翠鸟，因为它很漂亮。"

"我也要当翠鸟，因为灰胸秧鸡数量稀少而珍贵，比较有可能被猎杀。而翠鸟真的很美，让人印象深刻。"五年级的黄云说。

二年级的明哲则有不同的答案，他想当一只灰胸秧鸡，因为较特别。

说完，明哲问我："老师，你觉得谁的答案比较聪明？"

"没有谁比较聪明，每个人都可以有自己的想法，并且懂得去欣赏别人的美，那才是最重要的。"我淡淡地说。

灰胸秧鸡和翠鸟都有其独特的美。

六月，小鸊鷉

六月，虽是火伞高张、酷暑难当，却也是小鸊鷉繁衍下一代的时节，在台湾西南沿海一带的湿地及废弃鱼塭处处可见小鸊鷉亲鸟合力筑巢、孵卵、育雏的景象。

我特地安排了一堂课，带自然写作班的孩子去永安观察小鸊鷉家庭。我的这批学生有几个是新加入的菜鸟，连望远镜都还不知如何使用，然而小鸊鷉的巢筑于水面，并且与陆地有一段距离，只要不高声喧哗，耐心等待，要观察小鸊鷉并不难。

湿地中正好有两窝小鸊鷉。亲鸟蹲坐在芦苇编织的湿巢上耐心孵蛋，偶尔它会站起来用嘴喙将蛋翻面，以免一半熟一半不熟，我们还看见另一只亲鸟衔着芦苇秆修补湿巢。

另一边幼雏已能随着亲鸟出来游水，其中一只还坐在亲鸟的背上，偶尔失足滑了下来，便又急急地爬上亲鸟的背上，模样可爱极了。

小鸊鷉旁若无人地在湿地中活动，我们也很安心地通过望远镜或肉眼来观察它们的一举一动，连没有赏鸟经验的七岁孩子都看得清清楚楚。

我趁机告诉孩子们："小鸊鷉在鸟类中可是模范家庭噢！筑巢、孵蛋都是小鸊鷉夫妇合力完成，它们还会照顾初生的小小鸊鷉，教它们游泳、潜水、抓鱼，直到独立生活为止。去年我还看见已经学会抓鱼的小小鸊鷉，因为偷懒想抢妈妈嘴里的鱼，小鸊鷉妈妈便啄了一下小小鸊鷉的屁股，好像在告诉小小鸊鷉，你已经能够独立自主了，不能再依赖妈妈了。"

这时小鸊鷉夫妇突然起脚在水面上短跑，追赶另一只小鸊鷉成鸟，小鸊鷉的领域性极强，尤其在育雏期间，只要有同类接近，都会予以驱逐。

太阳已落，湿地中的鸟声啁啾愈益热闹，红冠水鸡、鱼狗、鹡鸰和白头翁的出现，更增添湿地的野趣。红鸠群聚于夕影残照中的一棵枯木上，野地之美令我们舍不得离去。

三个月后，我于室内放映幻灯片，以城市自然观察为主，其中我提出一个问题——如果城市中有一个水塘，会出现哪些生物在里头？一个一年级的学生直接联想到的便是小鸊鷉。

我深信目睹的鲜活景象，要比课堂中讲述千百遍来得深刻，大自然教室里多的是取之不尽的活教材呢！

小小䴙䴘随着爸爸妈妈悠游在水中，开始学习潜水、抓鱼的谋生技能。

小鸊鷉顶着『六月火烧埔』的炙阳，在水面的巢中孵蛋。

螳螂记

小螳螂

冬天的野地里，在一片看似荒芜的枯草中，很容易发现螳螂的卵螵蛸。纸质苍黄的颜色，包在枯枝上是很好的掩护色。不过，我和学生们都很好奇这样一粒和鹦鹉蛋大小的螵蛸，如何能孵出两三百只的小螳螂呢（书上说的）？为了解除心中的疑惑，于是我们从野地里采集了两个螵蛸回去做观察。

本以为小螳螂要等到二三月春天来时才会孵化（这也是书上说的）。可是就在采集回来的第二天，保管螵蛸的黄云却打电话来说："小螳螂出来了！可是只有两三只。"初孵化的螳螂只比蚊子大一点，身体是枯木色。又等了几天，原先孵化的几只螳螂跳走了，而螵蛸却不再孵出小螳螂，也许是温度或是震动等因素造成了差错。

不过为了小螳螂的食物，学生们自动地去翻书找资料，不但能更了解螳螂的生态，也启发了孩子自发学习的动机。

寄生蜂

另一个螵蛸在几天后跑出几十只像果蝇般大小，体黑、有薄翅能飞行的昆虫，而其中还有好些只尾部拖着比发丝还细、还乌黑的产卵器。啊哈！我们真是幸运，目睹自然界一种奇妙的生存者的诞生——寄生蜂。

借由寄生蜂这个活教材，我开始跟学生解释它如何钻进螵蛸中产卵，而孵出的小蜂则以螳螂卵为食，之后化蛹蜕为成虫，跑出螵蛸外，便开始寻偶交配，母寄生蜂再找另一个螵蛸产卵的过程。

二年级的明哲听了大为吃惊："寄生蜂怎么这么残忍！吃人家的小孩。"

"自然界的食物链原本就是残忍的。不过，寄生蜂的存在是值得思索的问题。"我问："你们觉得寄生蜂存在的意义是什么？"

"吃螳螂的卵。"明哲不假思索地回答。

"对！它吃了螳螂的卵，螳螂的数量是不是就会被抑制？"我尝试着引导孩子们思考。

"我知道了！"五年级的黄云拍了一下自己的大腿说，"寄生蜂让螳螂的数量减少，螳螂的食物就不会不够，这是一种生态平衡。"

黄云有如此清晰的逻辑推理的思考能力，颇令人赞赏。而寄生蜂与螳螂的关系，让我们更真切地体会到，自然界每一种生命的存在，都是具有意义的。

水塘中有鳄鱼

观察自然生命诞生的过程是一件吸引人的事。这几次的经验，让黄云产生颇大的兴趣。一回，我带他们到永安看水鸟，又发现好几个螵蛸，黄云要求采一个回去观察，我同意了。

两天后，黄云的父亲打电话来，语气带着兴奋："洪老师，你有没有拍过上百只螳螂集体孵化的照片？哇！好壮观。"放下电话时，我心里想，黄云的手真是幸运之手，采集三个螵蛸竟呈现三种不同生命形态，也让大伙儿开了眼界。

翌日，当我从黄云的父亲手中拿到装着螳螂的玻璃罐时，里头已经躺着超过五十只的螳螂尸体，其他还活着的，有的显得慌张，胡乱向前挥舞它一折即断的手镰刀，有的却神情自在地清理手上的毛。

当晚，我目睹了一只饥饿的螳螂生吞活啃掉同类的画面。它花了20分钟只吃掉尾部及右后腿，然后就把尸骸弃于一旁，上下颚满意地左右嚼动咬碎口中的鲜肉。我知道，它不会再去碰这一餐剩下的残骸了。可惜螳螂只吃新鲜的活物，不吃死的，否则那么多的螳螂尸体够它们吃好几天了。

隔天的野外课，我们一起把螳螂放回野地去。在途中我把昨晚螳螂自相残杀的那一幕描述给孩子听，明哲听得嘴巴都张开了。

“明哲，你猜为什么小螳螂不吃死掉的螳螂，而要吃活的？”我问。

“我想是因为它的同伴死掉了，它很难过，所以不忍心吃它们。”而五年级的黄云也认为答案是如此。听见他们语气的认真，不禁动容，只有未被知识和经验束缚的孩子，才会有如此天真而动人的想法。

“那为什么小螳螂又要吃活的螳螂呢？”我问。

“因为饿得受不了啦！不得已才吃的。”孩子的语气中带着不满，似乎在替小螳螂抗议似的。

我笑了笑，接着问：“你们知道刚孵出来的小螳螂为什么会死那么多只吗？”

“被压死的！”明哲说。

“饿死的！”黄云说。

“这些都有可能。其实在自然界中，一个螵蛸孵出来的螳螂能顺利蜕六七次皮而成为成虫的，大概只有一两只而已；因为小螳螂太脆弱了，天敌又多，这也是螵蛸中会有这么多螳螂卵的原因。”我向孩子们解释螳螂的生态之后，又提出一个问题，“你们认为刚孵出的小螳螂在野外存活率比较高，还是被人饲养的存活率高？”

明哲抢先回答：“在野外吧！因为，嗯，那本来就是它们生长的环境。”

黄云则慢条斯理地说：“我想，如果食物充足，被人饲养的螳螂就可避免天敌的威胁，存活率会比较高吧！”

我仔细聆听两个不同年龄却都极聪明的孩子心中的想法，仿佛看见一个孩子从混沌无知到逐渐拥有知识与有经验的判断力，思维愈趋理智

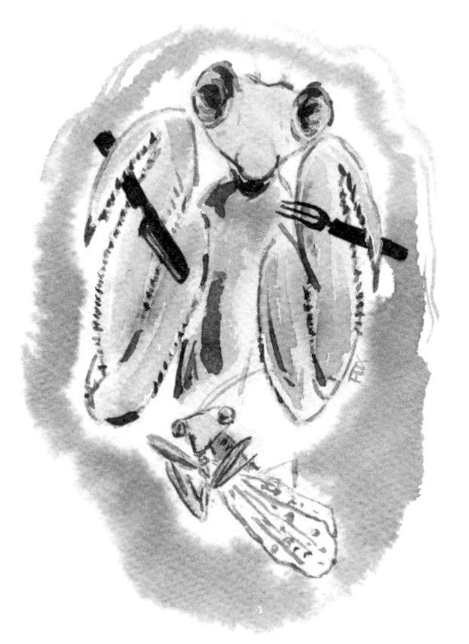

的成长轨迹。然而，那份令人欣赏的原始的天真，就在成长的过程中不知不觉地被磨蚀掉了。就像那回在黑暗中经过一个水塘，看见水中央横着一根枯木，明哲大声喊着："老师，有鳄鱼耶！看！"

"对呀！好大的鳄鱼唷！"我附和地说。黄云听了马上嗤之以鼻地说了一句："太可笑了，这里怎么可能有鳄鱼！"

明哲受到取笑，不情愿地反驳："我知道啦！"

在知识的传递中，我尽量求其准确，然而当孩子有一丝异想天开的奇怪想法出现时，我总是以欣赏的角度去看待。我宁愿支持一个孩子相信螳螂会为死去的同伴伤心、城市中的一处水塘有鳄鱼的纯真想法。

白头翁

学校位于玉井乡间的山坡上，只有半公顷不到的校园，堪称超迷你小学，不过景致却十分迷人。校园中栽植枫香、菩提、茄苳、南美假樱桃、苦楝、小叶南洋杉、黑板树、马拉巴栗、波罗蜜、芒果、乔木……还有学生亲手栽种的各式花草，向日葵、玫瑰、雪茄花、桂花、七里香、印度圣罗勒、单花蟛蜞菊、紫花藿香蓟、紫花长穗木……色彩缤纷蔓生其间，看似杂乱无章，却在无形中与自然形成一种和谐的律动。

学校从不洒农药，任生物恣情生存，加上毗邻校园的荷花池，长长夏夜不断有萤火虫提灯来造访，迷你的校园更是成了野鸟觅食、嬉戏的天堂。

> “生命来来去去，校园中不断发现燕子、麻雀筑的各种鸟巢，野花草更是自开自落。一个七岁男孩教会了我，自然生生灭灭，无须太过执着，执着便是苦。”

数量最为庞大的要数麻雀、燕子及白头翁了，而绿绣眼、红鸠、斑鸠、大卷尾、五色鸟……都是常见的鸟。

一回，孩子们在教室前面制作书架，凤凰木上一只台湾画眉也在费尽力气婉转鸣唱，与电锯的震耳嘈杂声相对抗，为我们增添了不少工作情趣。

五月，向日葵重新展颜的季节，一年级的沈悦抓着我的手兴奋地与我分享他前一日的新发现。他以急促的语音向我述说经过：早上他看到一只白头翁叼着虫，飞入一年级教室前那棵约两米高的葫芦竹中，旋即又飞了出来，他尾随往竹丛中一探究竟，发现一个碗口大的巢中挤着几只雏鸟。

我轻轻拨开低垂的竹叶，四只棕色雏鸟紧挨着闭眼睡觉，巢筑在离地面约一百四十厘米高之处，直径约十厘米，深约五厘米，不待细看，白头翁妈妈已发现我们的侵扰，在棚架上急躁地发出短促的警戒声，一声比一声急促。另一个孩子祈修见状便说，白头翁妈妈在抗议了，并且要求沈悦向白头翁妈妈道歉，然后赶快离开。

看见沈悦恭敬地向叫嚣的白头翁鞠躬道歉时，我想，在大自然环境的滋养之下，他们已于无形中学会如何尊重自然生命。

白头翁选择距离人类活动咫尺的地方筑巢，显示此处让它感到安全，人与动物已达到某种程度的和谐，是个可喜的现象。

翌日，我持续观察白头翁的行动，发现白头翁爸爸似乎早在交配完那一刻或筑完巢后离逸，只剩白头翁妈妈独力担负起捕虫、衔果、喂虫、捍卫雏鸟的工作。

我为了拍下较近距离的镜头而过分接近雏鸟的巢，白头翁妈妈气得连衔在嘴里的龙葵果实都不顾，拼命地叫嚣，然而叫了半天却不见任何救兵前来。

我急忙向白头翁妈妈致了歉，退到两米半之外的距离，等待捕捉母鸟飞入巢中喂哺幼雏的瞬间画面。整个早晨母鸟持续不断地捕食喂雏，看到幼鸟朝天张大了口嗷嗷待哺的情景，内心有股难以言喻的感动。

入夜后，忍不住又去探视白头翁的小巢，发觉叶隙太大，雏鸟显得有些暴露其外，于是上前将竹叶拨拢，而其中一只警觉性较高的雏鸟，一度激动地站了起来，张大口向我抗议，差点儿失衡摔出巢外。却久久不见白头翁妈妈的踪影。

第三日清晨，我愕然发现竹叶隐蔽下的鸟巢已空，四只雏鸟全不见了踪影。怔怔看着空着的鸟巢，我不禁揣想，不知它们是羽翼已丰，可以独立生活而各奔前程了；或是在深夜里，曾发生了什么动物之间的掠夺争战；抑或是白头翁妈妈不堪我的干扰，而将四只幼鸟移栖；再或者白头翁妈妈带着四只幼鸟展开学飞之旅……不管如何，阳光底下，我只能对着空了的巢张口怅然，像小孩失去一处以为可以天天去探秘的小天地一般。

我唤来沈悦，告诉他鸟儿不见的事，问他：“会不会难过？”我想在另一个人身上找到此刻失落情绪的某种支持，即使对象是一个七岁

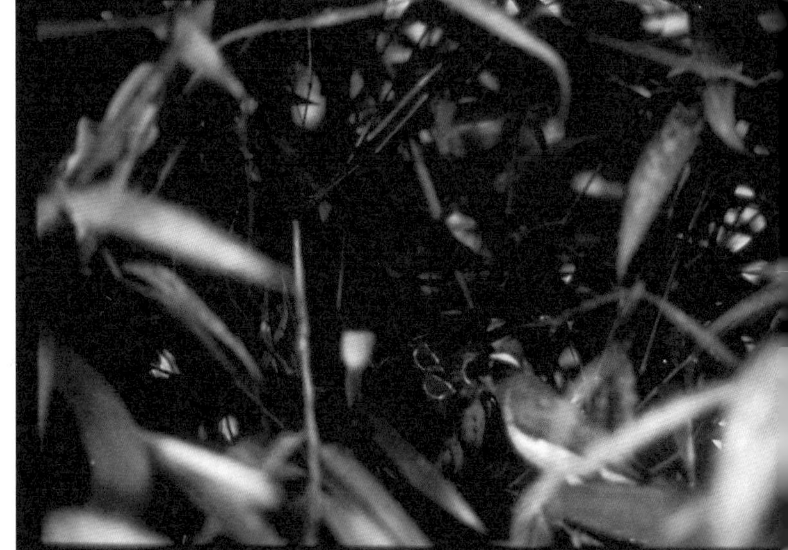

整个早上，白头翁妈妈来回穿梭无数次，只为填饱饥肠辘辘的幼雏。

白头翁是都市中常见的留鸟。

的男孩。

沈悦爬上栏杆，用手拨了拨空巢，语气平常地说：“不会呀！”

“为什么？”我感到有些失望。

“这是很平常的事啊！鸟长大了就会离开它的巢，我早就知道的了。”

说完，他爬下栏杆，又回去继续草丛里抓蟋蟀的游戏。

生命来来去去，校园中不断发现燕子、麻雀筑的各种鸟巢，野花草更是自开自落。一个七岁的男孩教会了我，自然生生灭灭，无须太过执着，执着便是苦。

生命花园

之一

学校里每一个孩子都有自己专属的地，由孩子自由种植他们喜欢的植物，或撒下野外捡来的种子，每日亲自用锄头扒土、洒水施肥，几个月下来，校园已被孩子们成功培植的花草点缀得五彩缤纷。

后来，我也选了一块地，准备种植野外捡来的种子。那日，我手持锄头正辛勤地清除杂草，也许是很少有机会拿锄头，所以十分拼命，除得很彻底。二年级的欣洁突然跑过来说："泥（孩子经常不唤我'老师'，只是亲昵地喊我'泥'），你不是叫我们不要乱摘植物吗？你现在除草是不是破坏了植物？”

我放下锄头，在已经赖在泥土上的欣洁面前坐下来（欣洁老是喜欢坐在地上或躺在泥土上），向她解释：“我除草是不得已的，我现在要整地、埋下新的种子，这些野草长在这里会占去养分和空间，让我埋下的种子无法生长，而且也无法让我把土翻松，所以……”

欣洁不等我说完便跳起来，举起食指，诡诡地指着我：“噢——（音故意拉得好长）你伤了植物的心！”

之二

学期即将结束之前的最后一堂作文课，我和孩子们一起到花园做一次巡礼，分享这个学期以来的种植成果，并要每一个人为自己的花园命名。

距离校门口最近的是人豪的地，有紫花藿香蓟、羊蹄甲、昭和草及紫花长穗木，几乎都是菊科的野草。人豪将他的花园命名为“辛苦花园”，因为他觉得他照顾得很辛苦。

再来是楚航的地，有羊蹄甲、向日葵、月橘（七里香）及桂花，桂花正稀稀疏疏开着小花，散发淡淡清香。楚航的花园叫“综合花园”。隔壁是皆兴的地，只有三棵植物，看似营养不良的紫花藿香蓟、波罗蜜幼苗及七里香，听说七里香还不是他种的而是抢地抢来的，他要命名为“十字花园”，可是我觉得“懒人花园”比较适合，希望这名字能给他卧薪尝胆的激励，下学期更用心地努力去除污名。不过他对此很生气，而在作文中写着要叫我的花园为“尿尿花园”，并且要不定时在我的花园撒尿。

接下来是我的地了，我的地是刚开辟的，看似一片旱地，只有一棵向日葵兀自开着花，我说我刚埋了很多种子，油桐、山粉圆、落地生根的叶、野百合、乌桕……虽然表面上看起来没有生机，可是泥土里却有很多生命在酝酿！雨蓁在一旁听了即说：“你的地就叫作‘生命花园’好了。”我很满意这个名字。

我的隔壁就是雨蓁的地，可以看出女孩子的细腻，植物种类多达十几种，她自己取名为“baby 花园”，为了纪念一只被附近农人毒死的母狗。

弦玮的地也很丰富，仙人掌是从野地濒死边缘中拔回救活的，日日春、雪茄花也都长得很好，他的花园命名为“仙人掌花园”。

宇杰的花园有仙人掌、黄花酢浆草、玫瑰、向日葵、柠檬及波罗蜜幼苗，他想了很久才决定将他的花园被命名为“柠檬花园”。

威宇的花园名字很有创意，叫“摇滚花园”，他觉得种子滚来滚去，也不知滚到哪儿，所以想取这样的名字。

而铁锴的花园应该较接近农田，有木瓜、西红柿、花椰菜和玫瑰花，如今都硕果累累，接近成熟的阶段。他把花园的名字暂定为“七彩花园”，听说铁锴的手很神，种什么都活，我想他真的是天生的农夫，铁锴两岁时即告诉妈妈他想当一个农夫。

相较之下，政道的花园就显得荒芜，“荒芜花园”倒是很适合这个只有两棵未开花植物的花园，不过他坚持叫“道丁花园”。

前面都是四五年级的地，二三年级的花园则看得出来有用心在照

顾，因为花开得灿烂而显得色彩缤纷，楚芸的地取名为“色彩花园”，欣洁的则叫“野草花园”，她是任野草生长而不清除的。俊杰放弃原先较有趣的“光头老幺花园”而改名为“连体婴花园”，兆晏是“晏丁花园”，恩铨则是“向日葵花园”，他的地此时正盛开着鲜黄色的向日葵。

走完这一趟花园巡礼，我们回到教室进行投票，决定哪十个人可以获得奖励。投票的结果当然会有人被排除在奖赏之外，看到落选者失望的表情我又于心不忍，于是我把决定权交给孩子，让孩子提出个人的看法：是否要皆大欢喜人人有奖，还是维持原状？而大部分的孩子都提议维持原状，如此才能达到奖励与激励的效果。未受到奖励（所谓的奖励是大家的认同、赞美及一片口香糖而已）的人才会反省，下学期更用心照顾自己的花园。

看到孩子们成熟地表达自己的想法，进而维持某种程度的秩序，令人欣赏。来年，我们将持续“亲手操作，从做中学”的教育理念，让一片片“生机花园”“生机农业”在我们的手中被共同创造出来。

那条溪像巧克力牛奶

连续十多天的豪雨，学校周围环境也因雨而产生了一些变化。对于作文课，我想让孩子们描写大雨过后的情景，于是挑选一个大雨乍歇的午后，带他们到户外做实地观察，孩子们显得格外兴奋，他们被这场雨困得太久了。

虽然空气中飘逸着雨后的清新，走在被雨淋湿的泥洼地上，却不是一件舒服的事。孩子们争相向我报告他种的哪棵植物被水淹死的灾情，虽然人们平日常埋怨台湾南部的阳光太过毒辣，然而连绵不断的豪雨是更可怕的杀手。

大地获得短暂的喘息，白头翁、麻雀、黑枕蓝鹟、树鹊、画眉纷纷倾巢而出，我们一边忙着分辨

SOS

“竹子倒下来像一扇拱形大门；攀木蜥蜴跑出来庆祝雨停；河水的颜色变成巧克力牛奶；蚯蚓大声喊救命，因为它的家淹大水了……”

每一种独特而热闹的鸣声，一边忙着用肉眼辨识跳跃枝头的一个个轻盈的身影。

“下雨时，小鸟怕羽毛被雨弄湿，所以都躲起来，现在好不容易雨停了，小鸟都高兴地跑出来唱快乐的歌。”孩子们说。

学校旁边那条坑内溪，平日轻轻缓缓如窈窕淑女，孩子们经常涉过她平静的水流嬉戏；而大雨过后，她却变成盛怒中的胖女人，吃太多又消化不良，黄黄浊浊的水滔滔往下游滚去。我们站在桥上倾听她愤然的号啕声，二年级的楚芸随即发现那块像只大碗盛满白米饭的巨石被河水冲走了，这是她对这块土地的记忆与想象，而大石头被大水冲走的景象，正好让孩子们能较真切地体会到急流的危险性并提高警觉。

其中有一段河床斜坡地，被湍流而逝的急水冲垮，柏油路底下露出一小块被水淘空的险象，竹子倾圮下来，碎石子身不由己地被黄浊的溪流卷走。孩子们面对如此触目惊心的景象仍未有太大的恐惧感，反而觉得新鲜。不过，这倒是一次很好的教育机会，我向孩子们解释："斜坡地垮了，竹子也倒了，显然竹子的根扎得不深，如果房子盖在这种斜坡地，一场大雨下来，很容易就崩塌了。你们看到一些山坡地种了很多竹林和槟榔，虽然能赚钱，可是房子塌了，住在屋里的人被压死，就算赚再多钱也没有用，对不对？所以保持森林的原貌，或是种植扎根既深且抓地性强的大树，才是水土保持的良方。"

这番话虽已是陈腔滥调，然而对于目睹小型坡地崩塌的孩子而言，这项警讯应能令他们印象深刻。

在雨后的大自然中，我们一起用眼观察天空的云宛若一座灰色城市，用耳谛听蟋蟀放大声喉急切地嗡嗡叫，于是在孩子们的作文中看到："竹子倒下来像一扇拱形大门；攀木蜥蜴跑出来庆祝雨停；河水的颜色变成巧克力牛奶；蟋蟀大声喊救命，因为它的家淹大水了……"可爱的描写与联想。

能够拥有开放的自然环境供孩子们实地观察，而不必让孩子坐在教室凭空想象外面的世界，这对老师和学生都是一种福气。

八代湾寻龟记

（一）

到兰屿来，目睹绿蠵龟是一个意外的幸运收获。

台湾海洋大学的研究人员在兰屿观测海龟已有两个多月了。八月，母海龟上岸产卵的概率颇为频繁，因为小海龟随时有可能破壳而出，所以研究人员必须每隔一两个小时去沙滩巡视。

在兰屿，绿蠵龟选择上岸的地点恰好是部落的坟场后面，惧怕恶灵的达悟人很少涉足那里，而且达悟族人没有吃海龟或海龟蛋的习惯，所以海龟的存活率提高了不少。

当星光漫洒如墨的天幕之际，部落进入半睡半醒的宁静，台湾海洋大学的研究人员骑着摩托车赶来通知我绿蠵龟上岸产卵的消息，我赶紧随着他摸黑踏过马鞍藤及硕大的石块进入小八代湾的沙滩，不能打开手电筒必须摸黑的理由是怕干扰正在产卵的海龟。

晚上的沙砾被海风吹得冷冷凉凉，在微弱灯光下，一只背面带有卫星发报器、像餐桌那般硕大的绿蠵龟出现在我眼前。它把自己安置在炮弹坑大的沙洞中，开始从产卵的半昏迷无警戒状态中慢慢苏醒，它已经下完六十几枚蛋，并且用沙将圆筒状的卵洞覆盖好。我错过了目睹那一枚枚据说似乒乓球大小、白色皮革质的蛋自它母体内挤出来的画面。此时母龟正用前鳍缓慢而沉重地往后拨沙，它似乎很累，拨两下就得停半分钟再继续。当它开始并用后鳍加快拨沙速度时，站在它身后的我们，受不了剧烈的沙弹往身上扑溅的疼痛，便走到暗处，等待它完成大约需要一两个钟头覆卵的动作。

海风吹得衣裳飒飒作响，眼皮重得只想躲进被窝里，同伴们发现海平面似乎多了一块大石头，也许是另一只海龟上岸产卵，我们不敢开灯确定。等了许久，沙沙声已停止，我们跑去海龟产卵的地方，却只剩一个大沙垛和连接到海潮处像单轨般的爬痕，方才那个突然出现的大石头原来是它离去的身影啊！

（二）

五十六天后我带着学生们来到这座美丽的小岛，趁着星光朦胧、大雨初歇的夜晚回到小八代湾，其实没有任何会看到海龟的期待，因为产

绿蠵龟蛋如乒乓球大小，触感颇为柔软。

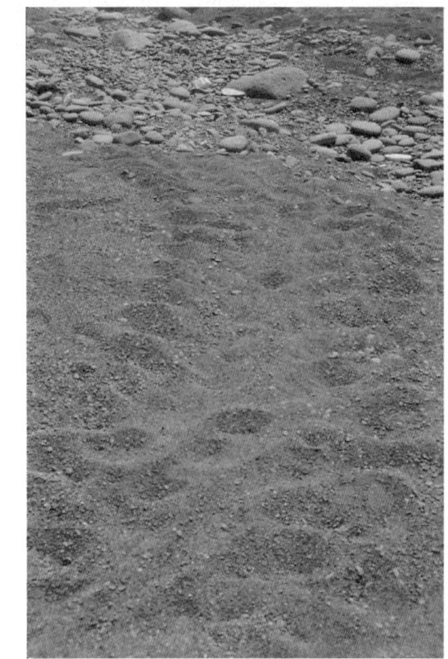

母绿蠵龟自深海游向陆地，于凌晨爬上岸产卵。

「在微弱灯光下，一只背面带有卫星发报器，像警察那般硕大的绿蠵龟出现在我眼前，它把自己安置在炮弹坑大的沙洞中，开始从产卵的半昏迷无警戒的状态中慢慢苏醒，它已经下完六十几枚蛋，并且用沙将圆筒状的卵洞覆盖好」

卵的季节已过，而小龟孵化的时间又难以掌握，我只是想实地演说那个愚蠢的夜晚。

当我正对着那垛沙坑及残破的蛋壳开始解释绿蠵龟的习性，走向沙滩尽头的当地朋友传来一个好消息——发现海龟的爬痕，那是介于我看过的小海龟及母海龟之间的爬痕面积。接着又传来令人振奋的欢呼声，发现一只小绿蠵龟，表情严肃，壳似厚纸板的硬度，尚未坚固，脚鳍底部有黑灰色的纹路，皮肤不似母龟那般粗糙多皱，大小如杯口般大，四肢鳍拼命左右上下划动，十分灵活。有了第一只的鼓励，我们开始用力拿手电筒搜索，并且小心脚下，避免踩到纤弱的小海龟，总共找到了三只，其他的小海龟不知是已游入海洋抑或是被天敌所噬。小海龟的数量虽多，但天敌也不少，像螃蟹、蛇、海鸟、鱼……所以能够存活下来的并不多。

原本我们想助小海龟一臂之力游向大海的怀抱，可是它却拼命回头往岸上爬，不知它是受到惊吓乱了方寸，抑或是还不想入海。于是我们决定将它带回宿舍，明日清晨让孩子们亲身经历海龟游向海洋的过程。

翌日清晨我们又回到小八代湾，漫天的乌云露出一小方手帕般的蓝天，真是令人雀跃的早晨。孩子们将小海龟放在被海水淘洗得发亮的石头上，在众人齐声加油、万分期盼的注目下，小绿蠵龟迅速地划动四肢游向闪着亮光、咸味浓重的海洋。当它细致的身体接触到第一波海水时，我们响亮的欢呼声传上了天空。一道汹涌的浪潮打上来又退回汪洋，将小海龟送入海水的怀抱，我们仍恋恋不舍地追寻它随着透明波浪浮沉的黑色星星小点，一直到再也看不见。

蓦然有些怅然，初生的小海龟才睁眼摸索这个混沌、陌生的世界，便独自勇敢地游向浩瀚汪洋，当它的身体接触到蓝色无垠的海洋世界，那一刹那，定是充满了新奇和感动吧！

谢谢小海龟，让我们陪它展开生命的旅程。

他们唤我『泥泥』

长长夏季，学校外围那条连接坑内溪及有机农田的野径，不断有萤火虫提灯来造访，燃亮寂寂夜空。虽然已看过萤火虫无数次，但每年到了春暮夏初之际，我依旧会迫不及待跑去看第一只萤火虫出现了没。

今年五月，一个月明星稀的夏夜，我决定将这种个人的探险，扩大为全校性的夜间观察活动，配合翌日萤火虫生态介绍及为萤火虫写诗的课程。

虽然全校也不过十七个孩子，而住校生也只有十二个，加上我，组成了一支夜间探险队。出发前我将孩子分列两行，交代几项简单的原则，便就着微弱的手电筒光束前进。学校周围的路灯并不多，

而那条萤火虫野径更是一丝光线也没有，只能依靠月光和手电筒来照路。

刚开始两个一年级的孩子对黑暗不适应，始终牵着我的手。不过，发现萤火虫的蓝光时，他们便兴奋地松开我的手去追逐蓝光。草丛里藏着不少萤火虫幼虫发出的神秘微光，漆黑的夜空也不时闪现萤火虫提着灯笼寻找女友的优雅身影。

这群孩子经常和我一起到野外，所以自然也形成一种默契，当蓝光乍现时，孩子们自会彼此小声提醒关掉手电筒或将光束朝向地面。想起去年我带的一群都市小孩大声号啕说怕黑，家长怒骂小孩没有用，而其他受光干扰而看不见萤火虫的人连连抱怨的情景，真是一场梦魇。

我们抓了几只幼虫和成虫，分辨它发光的部位和外观，我才发现这些孩子有的已住校半年、一年，甚至更久，都不曾在夜晚走入这条野径，更不曾如此仔细地观察一只萤火虫。

往后，当我独自在夜晚散步时，孩子们偶尔会要求与我偕行，而我们也一同增添了不少奇妙的记忆，例如，躲在竹叶里睡觉的鹪莺幼鸟，尚不太会飞，睁着大眼愣愣地看着我们，用手几乎就可触摸到它。还有一只入夜后固定停在校门口的电线杆上捕虫的大卷尾，当它迅捷地飞旋之后回到电线上兴奋地摆动尾巴，而一改平时的端庄英挺之姿，我们便知道它捕捉到食物了。还有等待一只鸣声单调而洪亮的小雨蛙出现，发现它只有我的指甲一半大时的惊喜。还有很多很多……

事实上，在分享大自然经验的过程中，我和学生们已建立一种“亦师亦亲”的关系。于课堂中，我必须保持某种程度的严肃以维持课堂秩序，而学生们也多能遵守我所定下的规矩。然而下了课，他们却不唤我“老师”而只唤我的名“泥”，或取其谐音唤我“泥泥”“小泥子”之类的绰号；孩子们总会迫不及待与我分享他们在大自然中的各种发现，甚至主动分享他们这个年纪最重视的零食。

我珍惜这种情分，也感谢大自然的赐予。

如果你开始懂得自然观察，你便经常有机会参加黄斑椿象的婚礼。

卷五

观察一座城市

树木联系着大地的生命，展阅大自然的宝库。从认识一棵树，学习和树做朋友开始。当孩子和树之间有了共通的情感，尊重生命也从此开始。

都市自然观察——从一棵树出发

当我要利用都市有限的自然资源，引领孩子进入自然观察的门槛时，我总是从公园里的一棵行道树开始。

一棵树的包容性之大，往往令人无法想象，即使是生态严重失衡的公园路树，也不难找到依附树木而居的许多生物，我举几个常见的例子：

1. 椿象：又名“臭腥龟仔”，因为它遭受外来侵扰时，会从臭孔里分泌臭液来驱赶敌人。椿象的体背往往是一幅色彩鲜明的面具图案，也是用来吓退敌人的。

通常我们会在黄昏时分看到它将长长的针状口器刺入树干中吸食树液，夏季更常会发现交配中的椿象。有一次我们在一棵榄仁树上总共发现七对新婚的椿象。有时还会看到数十只椿象交叠在一起求偶或护卵的壮观场面。

2. 避债蛾：它喜欢躲在枯枝结成的小窝里，像躲避人家来讨债似的，所以普遍称为“避债蛾”。避债蛾的窝种类很多，有的大如核桃，有的细如橄榄子，有的还会用落叶装饰门面。

公园中最常见的是细如橄榄子、外形与树干同色的避债蛾，这也是自然生物伪装色的极佳典范。

3. 蜂窝：常见的是数十只胡蜂合力驻守的纸质蜂巢，还有袋蛉腹独居蜂独力完成挂在叶背、如倒吊的迷你小杯的蜂窝；如果幸运的话还能找到黏附在树干上，像一只烧陶壶口往外翻的泥蜂窝。

通常我们都能极近距离观察蜂窝，只要不刻意侵扰，都市中的蜂类都是挺温和的。

翻翻叶背往往有令人意想不到的惊喜。像无柄茶壶顶端还开了一个盖口的椿象卵，一次总能找到十几个卵紧挨在一起。有时候是一粒晶莹玉润的豆天蛾卵，有时是一只鲜丽的蝶蛹，还有各色各样的蝶卵、毛毛虫……尤其是长长的夏季，这正是生命丰沛繁殖的时节，你总能从一棵行道树上发现更多的惊叹号。

卷曲的叶子总是暗藏玄机。剥开来看，可能有只蜘蛛被你鲁莽的行为吓得手足无措，也或许蜘蛛正护着它的卵，那便怎么也赶不走它了。蛾的茧也常藏匿其中。还有蓟马专找桑科榕属的叶子下手，把自己卷在里头大快朵颐。

除了这些洋洋洒洒的生命之外，倚赖树木而生的还有不少害虫。都市中常见的有让叶子表面呈畸瘤状的虫瘿，在叶面组织中挖走道的潜

真菌在生态上扮演分解者的角色，让枯木、落叶回归尘土，
重新制造养分，大地因此生生不息。

虫瘿种类繁多，造型都很独特。

叶虫（英文名直译叫“叶子里的矿工”），还有使叶片萎缩不能进行光合作用的介壳虫、螺旋粉虱……面对所有生物，不管对其有害或是无害的，树木一概以宽大的心来包容，如沉默地包容人类对它所做的各种伤害，人们常在树干上刻一些无意义的字或任意折其枝叶，甚至因人类之间的恩怨而剥其树皮或焚烧其树，这倒是题外话了。

每每经过一棵正结熟果的榕树（泛指桑科榕属的榕树），我总爱捡拾落地的隐花果，探探有没有帮它传播花粉的共生小蜂住在里头。每一种榕树都有其特定的共生小蜂，这也是自然界奇妙的生态链之一。

下过雨后，从树间或树下冒出来各种形状的蕈类，分解枯木，使之成为大地的养分，也让人惊奇。

大自然以其生生不息的法则运行，生命的惊喜无所不在，只是远离自然而居的都市人，往往不知开启自然殿堂之门是如此轻易。

大自然的生物迫不得已才会攻击人类，我们应学会如何与自然万物和平共处。

和树交朋友

每一棵树、每一种树木，枝丫伸展的方式都不相同，有的姿态万千，例如樟树；有的笔直高大，例如黑板树；有的像泰国舞者伸举双臂的姿态，例如细叶榄仁；有的像披头散发的魔女，例如榔榆。带孩子来到树下，除了认它的名、说它的故事以外，我总爱让孩子们停一停，欣赏一下每一棵树独特的风姿，就像我们，也该经常停下来，欣赏每一个孩子与众不同的肢体语言和性格。

每一种植物都有它独特的气味，有的芳香可人，例如黄连木的嫩叶有沙士味，棱果榕掉落的腐果闻起来有木瓜的香气。有些植物的气味却十分呛人，像福木的果实有瓦斯臭味，密毛蒟蒻的花有腐

尸味，还有鸡屎藤，全株充满了粪臭味……

我经常要孩子们在植物面前深呼吸，或者搓揉一片叶子、拾取一瓣落花来闻。另外，我还喜欢带孩子们玩一种游戏：拿长布将眼蒙起来，再去记住各种植物的气味。等到取下长布以后，再一一去找寻记在脑海里的气味，是属于哪一棵植物的哪一部分。

在游戏的过程中，我看见孩子们努力捡拾地上的落叶、碎花和腐果，认真辨识每一棵植物的特殊气味，再与记忆中的气味比对。这个时候，孩子与大自然的接触又更亲近了一大步。

从树的名、树的故事、树的风姿和气味开启探索一棵树的钥匙以后，就要开始学习怎么跟树做朋友了。

我常常要孩子们在公园里，选择一棵与他投缘的树。除了认识它的俗名以外，自己再为那棵树取一个名。为树画下素描，用手环抱树测量树围，并且记录树的生长状况，包括树身的纹路、有没有开花结果、其叶子的变化及有没有其他生物住在树上……然后记下日期。

我鼓励孩子们经常带他的父母去看看他的树。我会选择另一个季节，再带孩子们去观察他的树，有没有长高、长粗了？叶子变老了吗，还是又抽出新嫩的叶？住在树上的朋友搬家了吗？有没有新的朋友搬进来？然后为树写一首诗。

树木联系着大地的生命，展阅大自然的宝库。从认识一棵树，学习和树做朋友开始，当孩子和树之间有了共通的情感，尊重生命也从此开始。

树的语言

公园里有一片高大的黑板树林，我喜欢在有阳光的日子带领孩子蒙上眼睛走过草皮，来到树底下躺下来，睁开眼就会看见树叶、云朵，还有阳光筛落的影子手舞足蹈，像一群淘气的孩子，热情地向你诉说四季的故事。

树看起来似乎是沉默无言的，其实它经常向人们传递丰富的语汇，只有懂树，用心灵和树交朋友的人才听得见。

树经常提醒我季节流转的讯息，安全岛上的羊蹄甲开成一片花林的时候，我就知道春意已开始烂漫了；当凤凰花在城市的街道烧成一片火红的花海，暑气也开始炽艳了；当台湾栾树悄悄抽长金黄凤凰木以殷红如血的落花，伤感地告别这一季的灿烂。

的小花，长出桃红色的蒴果，就是告诉我秋意已十分了；当印度紫檀落尽了叶、光秃着枝丫的时候，那就是北风瑟瑟、严冬冷冽的时节，我也静静等待着春天的脚步走近。

校园里的每一棵树都挂着一张小卡片，那是树向孩子们倾诉它的心情和故事，一棵凤凰树挂着的卡片上写道：

我喜欢孩子坐在我身上，
但是请不要摇我的手臂，
我会很痛。

另一棵枫香说的是：

我的叶子香香的，
秋天时会变红，
我喜欢大家来看我。

还有一棵苦楝，告诉孩子一个秘密——“我的男朋友就是校门口旁的那棵阿勃勒”。

后来，有一个学生告诉我，现在她都不敢再随意摘下任何一片叶子，因为怕听见树木喊痛的声音。

公园里的榕树，细瘦的枝干被人挂上重重的秋千，孩子坐在秋千上荡得好高好远，榕树软软的枝干和满树的绿叶也跟着抖哇抖哇！榕树“咿呀咿呀”喊痛的声音，荡秋千的孩子听不见。

公园里另外一棵老树，因为在它周围活动的人起了争执，其中一方愤而剥光老树的皮，老树就只剩下光秃秃的枝丫伸向苍穹，顽强枯立的老树那无奈的叹息，剥掉树皮的人也听不见。

当我烦恼、悲伤的时候，我总会想走近一棵树，走入一片树林，听听风和树的对话，还有轻快的鸟语，就像母亲的歌声一般抚慰我的心灵，让我忘记原来的苦恼。

如果你也想听见树的语言，试着安静地走到树下，伸手触摸树，用身体拥抱树，感觉那棵树，甚至跟树说说话……用心灵和树交朋友，你就会听见树的低语。

上山种树

我到野外去，除了收集种子之外还喜欢捡拾树苗，我会先在野外挖一些土回来，再把树苗栽种于花盆里，如果有朋友要，我就送给他。

一回，我从葫芦谷捡了二十多棵马拉巴栗的树苗回来（那里每日有上百颗马拉巴栗及咖啡豆的种子萌芽），家里的阳台有点摆不下了，我便决定把这些树苗分送给学生，并安排一堂课，带他们上山去种树。

种树之前，我先和孩子们分享一个“种树的男人”的故事。故事的主人翁艾尔则阿·布非耶从五十三岁开始每日在荒地里种下一百颗橡树的种子，经过三十二年，原本干旱的荒地已变成蓊郁的

森林提供水源、新鲜的空气和凉荫，还供给自然界的生物食物与居所，没有森林，人类和其他生物都无法生存。

森林，干涸的小溪也淙淙地流动，动物开始出现在森林里，溪流里也充满生命，人们又回到村庄来居住（原本村庄里只住了三个人），有麦田、薄荷田，农夫和野餐的人为这片土地注入更鲜亮的色彩。这一个天堂乐园完全来自布非耶的赐予。

布非耶足足种了三十五年的树。与孩子们分享他的故事，便是希望这次种树的行为对孩子而言只是个开始。

这次种树的活动我邀请学生家长一同参与，主要是让他们知道种树的地点，以后可以常带孩子上山为树苗浇浇水，看看树苗壮生长的情形。

种树的地点我们选择在半屏山，经过三十多年的滥采石矿，半屏山已有三分之一的面积变成秃山。我们先巡视之前在这里栽种的树苗，生长状况都很不错。来到半山腰，预定种树的地点，我们带来的树苗有马拉巴栗、台湾栾树和波罗蜜（这两样是由种子培育而来的）。在种树之

有阳光的亲吻和雨水的滋润，吉贝木棉的种子便开始生命的旅程。

前，我很诚恳地对学生说："我曾经访问过山脚下的村民，他们说在他们小时候，半屏山的树还很多，台湾猕猴的数量和柴山差不多，松鼠、蛇啊，都能常见到。但是水泥公司一直采矿，树林不见了，动物也消失了，山脚下的村民也几乎不再上山来了。现在你们种下手中的树苗，便是创造一片森林的开始，还记得'种树的男人'吧！你们要常常来看看你们的树，替它浇浇水、和它说说话，它就会长得好。以后你们结婚生子，还可以带你们的儿女、孙儿来看你们小时候种的树呢！"

土很干又坚硬，孩子们很卖力地挖，小心翼翼地植下树苗，在它的周边围一些干草保持水分，终于大功告成了。这次种树的经验对学生及学生家长都是难得而珍贵的。我们种下树苗，同时也是种下对这块土地的一点希望。

当平常假日鲜少出外游玩的学生对我说他爸妈周日要带他去帮树苗浇水，而且希望下次种的是他自己培育的树苗时，我便知道这次种树的收获已经远超过我原先所预想的了。

寻找城市中的一条河

（一）

我们都背过长江流经哪些省，也都知道黄河如何泛滥，但却很少人知道我们平时喝的水来自何处，身边的那条河又流经哪些地方。所以，我带学生去高屏溪口看看高雄人喝的水源，是受到什么样污染的戊等水。而每一期的自然观察班，我也会安排连续的几堂课，和孩子们一同重新认识高雄市区蜿蜒的爱河。

我们从中游出发往下游走，即由东边往西边走，一面比较河岸景观的变化，一面了解爱河流经的每一座桥的历史。

一座城市需要的是一条生态丰富，可以让人们亲水、可以承载童年欢乐记忆的清澈河流，而不是一条黄浊污臭的河川。（典宝溪）

在中游部分，两岸重金属及木材工厂居多，有一段堤岸还被附近居民用来种菜，另有一番农园景致。

愈往下游走，穿越市中心，河道变宽，两岸的建筑愈益高耸，车流络绎不绝，爱河便自下游流入台湾海峡。

我通常会选择黄昏时分带学生到这儿，此时华灯初上，灯影倒映，河面成一条条金色的水龙，高雄港停泊着一艘等待出海的舰船，这般暮色最能让人感受二十世纪六七十年代爱河河畔游人如织、情侣对对的景致。

我在这儿讲述爱河的历史，包括：端午节划龙舟；爱河游船时期的观光盛况；庙会请水仪式；盐埕附近居民在晒盐，农闲时到河中捕虾蟹，取得另一种经济收入；做错事的小孩跃入河中游至对岸，便可躲掉父母的一顿追打；昔日木材业兴盛之际，河中滚着连缀不断的圆木；台风天发大水时，小孩跳入河中抢救被冲走的木材赚零用钱……我说得唾沫横飞，孩子们也听得瞠目结舌，对他们而言，这些历史陈迹都是一则则的神话了，只剩下眼前这条依然流动的河。

（二）

一个风和日丽的午后，我带学生往爱河上游回溯，其中有一段是爱河目前仅存的自然河道。只可惜现在正大兴土木，不久之后，这段唯一没有水泥护堤的自然河道也将走入历史。

记得有一回，我跟孩子提及爱河河畔原来有很多红树林，底下还住着不少招潮蟹和弹涂鱼，可是后来红树林都被砍光，铺上水泥护堤，成为现今的景观。突然，有一个五年级的小男生满脸疑惑地询问我：“老师，那些决定砍掉红树林的人，难道都不知道红树林的重要吗？”男孩的话让我哑口无言。

当车子穿过高雄市的交界，进入仁武区的八卦寮，我们便来到爱河的起点。

沿着八卦小学往下走，成千成百在休耕农田中啄食的麻雀被我们惊飞而起，景象煞是壮观。但是孩子们不禁感到纳闷，爱河哪里去了？当我指着他们脚畔这条不盈四尺宽的灌溉沟渠，要他们往回看时，孩子们方才恍然大悟，原来爱河的源头并非高山阔水，而只是一条农田灌溉沟渠。这样的出身，也算是爱河的一大特色。

最后，我们在教室里摊开高雄市街道图，循着这条横过市区内的蓝色水蛇，由下游往上游回溯，曾经走过的路，经过的每一座桥，沿途两岸的景致变化以及聆听过的人文历史，在孩子们的记忆里，清清楚楚，深刻难忘。

从寻找城市里一条河的过程中，我更加确定，历史和地理这两门科目的学习，是“走”出来的，而不是死背而已。

为恋人所歌颂的木棉，以一季璀璨的风华装点春天的爱河河畔。

陪孩子一起走入自然

我站在雨豆树下，看见阳光、树叶和风像一只只顽皮的小精灵高兴地跳舞，两只远方的客人——红尾伯劳各据一棵树梢以鸣声互相较劲，而女儿在大树下睡得如此香甜，此刻便是我一天中最安适惬意的时光了。

我是对大自然极度渴望的人，我也希望我的孩子能在大自然的濡染下健康地成长，所以女儿满月后我就带着她四处野游，虽然女儿当时对于外在的事物尚无概念，但只要让她嗅到绿树的清香、吹拂到野地的气息就够了。很多学生家长总是这样对我说："当你的小孩真幸福，你会经常带她去亲近大自然，我们实在没办法，而且我们也不懂。"我心四岁的彩悠两天独立走完全程来回二十七公里的瓦拉米步道。

快乐的童年应该是充满阳光、海风、沙滩，溪流的歌唱、泥土的芳香和森林的呼吸。（冬日休耕的稻田里开满油菜花）

里想，你为什么不能？

大多数的家长宁愿将假日用于看电视、睡觉甚至工作，也不习惯陪孩子出去玩，理由有千百种：太忙、太累、怕塞车、怕麻烦、不知去哪里玩……然而我认为真正的理由是“无心”、缺乏行动力。

我曾经针对五十名初中生做过问卷调查，其中只有九名一年和家人出游十次以上，而一年出外郊游三次以上的有十四名，而且还有九名的次数是零。另外有十九名的学生一星期补习六天以上，一周补习四五天的也超过十个。这些学生的生活与周遭的自然环境几乎完全脱节，不仅小学学过的基本自然常识差不多忘得精光，更令我惊讶的是，他们连在台湾南部的夏天花开得火红的凤凰木都不知晓！然而当我带他们到野外去时，他们对一只椿象、一个蝶蛹、一朵野蕈甚至一只毛毛虫都感到惊讶与好奇，他们希望我能常带他们到野外做自然观察的热切，与在课堂上所表现的冷漠有天壤之别。那正是孩子天生对大自然的一种向往，只是接触的机会太少。

事实上，大多数的人都远离自然太久了。陪孩子一起好好欣赏一棵树，静静聆听风和鸟鸣的协奏，你不必是什么都懂的自然解说员，只是陪孩子一起感受，让孩子的成长过程中多一些亲山亲水的记忆。

树的亲密朋友

我曾经带我的学生到一座公园里，让他们各自挑选一棵喜欢的树木当作他们特别的朋友，并做一些简单的记录。例如，叶子的颜色、形状，开花、结果的有无，花朵、果实的特征，住在树上的生物，测量树围……我希望学生家长能经常带他们的孩子到公园来看看自己的树，观察它，能够为它浇浇水。这样不但能增加亲子互动的机会，还能培养孩子对自然生命的细腻情感。

孩子把我曾教过他们的，或借由他们敏锐的观察力所发现的新事物，主动与家长分享，若能获得父母的赞美与肯定，无形中便能提高孩子的兴趣与自信。

只可惜学生家长在这方面还是做得太少。

五个月后我又带同样的这批学生来到这座公园。这期间他们几乎都不曾再回到这座公园来，孩子们都记得他们的朋友在哪里，我要他们再去做一次观察，看看树木有什么变化，住在树上的房客搬走了没，又多了哪些新房客，树的周围有没有什么不一样的地方……

怡雅惊讶地跑来告诉我，她的树变瘦了，不知为何事伤心而瘦，她要祝它赶快胖起来。

瑞芸觉得她的榄仁树旁的一枝香和孟仁草，好像守卫一样护着她的树。杨烨发现他的榄仁树旁的兔儿草开了一朵灿烂的小黄花，美极了。当我和他分享花儿的美之后，正要离开去看看其他孩子的观察情形，杨烨却跑来告诉我，我刚才踩到兔儿草了。我只好请他代我向兔儿草说“抱歉，我不是故意的”。

在分享观察心得时，吕谦说他的树被人砍伤了好几处，椿象也不见了，他觉得很难过，树还告诉他不要破坏大自然。杨蒨的榄仁树长出了很多新嫩的绿叶，她觉得很高兴。凤庭说她的破布子叶上的虫瘿都不见了，叶子也变新绿了，她觉得破布子变健康了。彦义的枫香流出树脂，他觉得他的树遭遇到了危机。凤真说跟她的树好久不见，好像跟老朋友见面一样高兴。修鸣还很惊喜地从他的枫香树上找到七八处刚发的嫩芽……

我们不断地从每个孩子的分享中感受到惊奇和喜悦。从他们的表现，我也看出孩子们不仅对自然万物产生好奇和感情，也有了爱护与尊重之心。

未来的岁月，我将继续地陪伴孩子们，来看树朋友的春夏秋冬。

再见，城市野地

城市野地里有一群羊，不是关在栅栏中不可亲近的，而是在草地上恣意奔跑、游戏、吃草的山羊。

去年暑假我不断带学生们到城市的野地看羊、追羊。首先，我们必须穿过一片长得比人还高的田青林，在翠绿的田青叶上总是会有许多瓢虫、毛毛虫、蜘蛛、泡沫蝉……丰富的生命等待我们发现。野地里布满马鞍藤和鬼针草，我们循着地上的蹄印寻找羊群的踪迹。粉蝶和蜻蜓在花丛间流连飞舞，羊群中混杂着灰的、黑的、米白色的羊，雄赳赳的公羊、未长大的小羊儿，还有孩子们最爱的长须老山羊，看见我们后一律以注目礼来迎接我们这群不速之客。

在追求文明的过程中，城市野地愈见荒芜，鸟语不再、花香已杳，只剩下荒凉和孤寂。

这群在城市中生长的孩子，大多是第一次看到羊，而且还是野放在大自然中的羊群，个个兴奋得像只第一次外出觅食、看见满树硕果的小松鼠。孩子们强捺住兴奋的心情，蹑手蹑脚噤声踏过刺棘的鬼针草丛，只想触摸到在阳光下闪闪发光的羊毛，可惜羊群始终和我们保持一段距离，让我们无法一亲“羊”泽，然而这些都市小孩在城市的野地，与一群活脱脱的大型哺乳动物相遇的经验是深刻难忘的。

在追羊的过程中，也唤醒了孩子们心中对大自然野性的向往与渴望。愤怒的公羊斗角、未长角的小羊儿可爱地玩耍，还有羊群浩浩荡荡奔跑过草原的身影，都让我们念念不忘。

当秋天过去，暑假结束了，野地的田青渐渐枯槁之时，那一片充满羊粪与羊的蹄印的草原却也被铲除精光，只剩下秃裸的碎石地，听说那里将成为台汽客运的停车场。

草原消失了，羊儿也不见了，荒凉的城市野地只留下去年暑假那一段阳光下的闪亮记忆，让人深深怀念。

天蓬